AF537480

Franzisca Flattenhutter

BARF für Katzen – nach dem Beutetierprinzip

Franzisca Flattenhutter

BARF für Katzen – nach dem Beutetierprinzip

2., aktualisierte Auflage

Oertel+Spörer

Bildnachweis
Titelbild: Dr. Gabriele Lehari
Innenteilbilder:
Robert Karsten S. 8, 10, 13, 14, 16, 25, 37, 45, 46, 55, 58, 66, 74, 81, 89, 90, 96, 97, 98, 101, 102, 108, 109. 114
Dr. Gabriele Lehari S. 5, 17, 21, 24, 28, 31, 33, 35, 39, 50, 52, 61, 68, 70, 76, 80, 83, 85, 93, 99, 104, 111, 117, 118
Grafiken: Katerina Rose

Haftungsausschluss
Die Hinweise in diesem Buch wurden von der Autorin sorgfältig recherchiert und geprüft. Es können jedoch keinerlei Garantien übernommen werden. Eine Haftung der Autorin, des Verlags und seiner Beauftragten für Personen-, Sach- und Vermögensschäden ist ausgeschlossen. Sämtliche Teile des Werks sind urheberrechtlich geschützt. Jede Verwertung außerhalb der engen Grenzen des Urheberrechtsgesetzes ist ohne die schriftliche Zustimmung des Verlags und der Autorin unzulässig und strafbar. Dies gilt insbesondere für Vervielfältigungen, Übersetzungen, Mikroverfilmungen und die Einspeicherung und Verarbeitung in elektronischen Systemen.

Bibliografische Information der Deutschen Nationalbibliothek
Die Deutsche Nationalbibliothek verzeichnet diese Publikation in der Deutschen Nationalbibliografie; detaillierte bibliografische Daten sind im Internet über http://dnb.d-nb.de abrufbar.

© Oertel+Spörer Verlags-GmbH + Co. KG · 2022
2., aktualisierte Auflage 2024
Postfach 16 42 · 72706 Reutlingen
Alle Rechte vorbehalten
Lektorat: Dr. Gabriele Lehari
DTP und Repro: raff digital gmbh, Riederich
Druck und Einband: FINIDR, s.r.o., Tschechische Republik
ISBN 978-3-96555-125-1

Inhalt

Vorwort

Artgerechte Katzenernährung ist für viele Tierhalter und bedauerlicherweise auch für viele Therapeuten noch immer ein Streitthema. Insbesondere in den sozialen Medien kann man beobachten, wie kontrovers und leidenschaftlich dieses Thema diskutiert wird: Was ist denn nun wirklich artgerecht? Welche Berechtigung haben Fütterungskonzepte, denen das ursprüngliche Beutetierschema der Katze zugrunde liegt? Wie viel Einfluss haben wir Katzenhalter überhaupt auf die Gesundheit unserer Tiere und insbesondere auf eine gesundheitsbewusste Ernährungsform, wenn doch unser verwöhnter Stubentiger regelmäßig vor seinem Futternapf in den Hungerstreik tritt?
Seit einigen Jahren erlebe ich dennoch, wie merklich sich die Einstellung der Katzenhalter wandelt: Immer mehr Personen entwickeln ein umfassendes Bewusstsein und eine Sensibilität für die Bedürfnisse ihrer Stubentiger, setzen sich intensiv mit den unterschiedlichen Ernährungsformen auseinander und hinterfragen die konventionelle Medizin und Prophylaxe sowie insbesondere die hochindustrialisierte Fertignahrung.

Zugleich aber halten sich einige hartnäckige Mythen und Vorurteile bezüglich der artgerechten Ernährung und des Fressverhaltens unserer Katzen: Die Katze habe ihren eigenen Willen, sie lasse sich nicht erziehen, vielmehr erziehe sie ihren Menschen dahingehend, ihr alle Wünsche von den Augen abzulesen und diese dann auch zu erfüllen. Vermutlich haben wir alle schon Gespräche mit verzweifelten Besitzern geführt, deren Katze sich auf eine einzige Fütterungsform versteift hat – und die sich seit Jahren beispielsweise nur von Trockenfutter ernährt, nur Futter mit Fischaroma akzeptiert oder nur „zarte Häppchen in heller Soße". Und obwohl sich die Katzenhalter in der Regel darüber bewusst sind, dass diese sowohl einseitige als auch qualitativ fragwürdige Ernährung nicht gesund ist und den Anforderungen dieses hochspezialisierten Organismus nicht gerecht wird, sind sie oft an der Beharrlichkeit ihrer Tiere gescheitert und haben klein beigegeben.

„Meine Katze braucht viel Abwechslung in ihrem Futternapf, soll ich ihr das etwa nicht zugestehen?"
„Meine Katze frisst schon seit Jahren nichts anderes, und augenscheinlich geht es ihr gut. Warum sollte ich das auf einmal ändern?"
„Die Katzen haben doch einen sehr ausgeprägten Instinkt: Sie werden schon wissen, was ihnen guttut."
„Mein Tierarzt hat mir geraten, dass Katzen nicht mit Futter ernährt werden sollten, das einen allzu hohen Fleischanteil hat. Warum sollte ich mich dem nun widersetzen?"
„Der Hersteller wirbt doch aber mit Futter in Lebensmittelqualität – das muss doch eine gute Qualität haben!"
„Mein Futter ist bio! Wie kann da die Rezeptur minderwertig sein? Ich achte sehr auf gesunde Nahrung, auch bei meinen Katzen."

In der ganzheitlichen Ernährungsberatung, vor allem aber in meiner komplementärmedizinischen Tierpraxis sind Sätze wie diese an der Tagesordnung: Die Besitzer argumentieren in der Regel vehement gegen jeden weiteren Versuch der Futterumstellung und -optimierung. Was haben sie in der Vergangenheit nicht alles versucht, um ihre Katze vom Junkfood zu entwöhnen! Für die Beschwerden ihrer Katze suchen sie nun eine unkomplizierte, rasche und nachhaltig wirksame Lösung.

Doch so einfach ist es nicht, wenn das Futter als Auslöser für die gesundheitlichen Probleme der Katze in den Fokus gerückt ist. Machen wir uns eines bewusst: Diese Tierhalter würden nicht vor uns sitzen, wenn eine rein medikamentöse Therapie zu einer nennenswerten Verbesserung der gesundheitlichen Probleme geführt hätte – oder wenn sich der Wechsel von dem einen Fertigfutter auf ein anderes positiv bemerkbar gemacht hätte.

Die Katzen der Autorin lieben die rohe Kost.

Eine ganzheitliche Ernährungsberatung verläuft in der Regel anders als erwartet und erhofft: Meistens genügt es nicht, einfach von einer Proteinquelle auf die andere zu wechseln, von Trockenfutter auf Nassfutter zu schwenken oder sich durch das Sortiment verschiedener Hersteller zu testen. In der Regel ist eine gänzliche Neuausrichtung in Sachen Fütterung notwendig, um den Gesundheitszustand der Katze zu erhalten und zu verbessern oder aber im Krankheitsfall den Regenerations- und Therapieverlauf positiv zu beeinflussen.

Schon während meiner Ausbildung zur Tierheilpraktikerin hatte ich mich sehr intensiv mit dem Einfluss der Ernährung auf die Gesundheit und das Wohlbefinden unserer Haustiere auseinandergesetzt. Ich hoffte, in der Fachliteratur und meinen zahlreichen Fortbildungsveranstaltungen mehr über artgerechte Ernährung lernen zu dürfen, mich mit den Zusammenhängen zwischen anhaltenden Ernährungsfehlern und dem Auftreten bestimmter Krankheiten beschäftigen zu können. Jedoch musste ich feststellen, dass dem Thema Ernährung nach wie vor zu wenig Beachtung geschenkt wird: Gerade in Bezug auf die konkreten Ernährungsbedürfnisse der Katze und darauf, welche gesundheitlichen Folgen es haben kann, wenn wir uns über diese Ansprüche hinwegsetzen, herrschen noch immer große Unsicherheiten, Unwahrheiten und Mythen.

Ich versuchte, mich selbstständig in dieses überaus komplexe Thema einzuarbeiten – und fand gerade in Bezug auf die Katze weniger Fachliteratur als viel mehr Polemik. Den Ausbildungen, die ich bis dato im Bereich Tierernährung besucht hatte, war eines gemein: Sie besprachen den Hund mitsamt seiner Organstrukturen und seiner Verdauungs- und Stoffwechselleistungen sehr ausführlich, während die Katze allenfalls gestreift wurde. Fundierte, verständliche und umsetzbare Literatur zu diesem Thema war Mangelware. Insbesondere was das BARFen betrifft, sind derzeit zahlreiche Ratgeber auf dem Markt, die weniger den Charakter eines Fach- und Praxisbuches haben als vielmehr endlose Aneinanderreihungen von Rechenformeln umfassen. Schenkt man ihnen Glauben, so ist die biologisch artgerechte Rohfütterung eine Gratwanderung zwischen bewusster Mangelernährung und einer komplexen Nahrungsergänzung, die für mathematisch wenig begabte und unsichere Katzenhalter zur Herausforderung werden kann.

In meiner Praxis setzte ich schon vor Jahren meinen Fokus auf das **BARFen nach dem Beutetierprinzip** – ein im Alltag einfach umsetzbares Fütterungskonzept, das den Ernährungsbedürfnissen der Katze in allen Lebenslagen gerecht werden kann. Anstatt komplexe und hoch komplizierte Berechnungen durchführen zu müssen, kann sich der Katzenhalter hier an einem prozentualen Grundgerüst orientieren. Beim Beutetierprinzip arbeiten wir mit den gängigen Grundfutterkomponenten Muskelfleisch, Innereien und Knochen sowie einem geringen pflanzlichen Anteil. Hinzu geben wir einige wenige Nahrungsergänzungsmittel, um unsere Katze unter anderem mit Taurin, Jod und essenziellen Fettsäuren zu versorgen.

In meiner Tätigkeit als Tierheilpraktikerin und ganzheitliche Ernährungsberaterin beobachte ich regelmäßig, mit wie viel Interesse die Katzenhalter der artgerechten Rohfütterung gegenüberstehen – und dennoch zur Fertigfütterung greifen, da das BARFen für sie ein Buch mit sieben Siegeln ist. Daher brodelte schon seit Jahren die Idee in mir, selbst ein Praxisbuch zum BARFen nach dem Beutetierprinzip zu schreiben, doch zugegeben: Es fehlten mir die Zeit und auch der Mut, ein derartiges Projekt auf die Beine zu stellen.

Im Sommer 2019 eröffneten sich mir jedoch neue Möglichkeiten: Die Dogtisch Academy mit Sitz in Wien bot mir eine Dozentenstelle an. Ein knappes Jahr später, nach intensivsten Recherchen und Vorarbeiten, ging meine Ausbildung zum ganzheitlichen Katzen-Ernährungsberater an den Start – ein mutiges, innovatives Projekt, das nicht nur die Energie- und Nährstoffbedürfnisse unseres domestizierten Stubentigers und die diversen Fütterungskonzepte in den Mittelpunkt rückt, sondern sich ganz konkret auch mit dem Verhalten und diversen Krankheitskomplexen auseinandersetzt. Zum Launch der Ausbildung bekamen wir ordentlich Gegenwind.
Jedoch konnte uns dies von unserem Bestreben, das Leben unserer Haus- und Wohnungskatzen artgerechter, angenehmer und vor allem gesünder zu gestalten, nicht abbringen. Im Gegenteil: Wir setzen uns dafür ein, dass die besonderen Ansprüche und Bedürfnisse der Katzen respektiert und umgesetzt werden und ihre Kommunikations- und Ausdrucksformen Gehör finden.

In diesem Buch möchte ich Ihnen die Grundprinzipien der biologisch artgerechten Rohfütterung nach dem Beutetierprinzip näherbringen und Sie zudem auf eine kleine Reise mitnehmen durch den Verdauungstrakt und die besondere Stoffwechsellage der Katze. Denn auch, wenn eine artgerechte Ernährung unseren geliebten Stubentiger nicht ausnahmslos vor Erkrankungen und dem Alter schützt, so legen wir damit doch den Grundstock für eine nachhaltige und ganzheitliche Katzengesundheit und eine stabile Basis für ein artgerechtes und ausgeglichenes Katzenleben.

Dieses Buch widme ich …

… meiner Familie für ihre Liebe, ihre Geduld, den Rückhalt und die wohldosierten Tritte in den Allerwertesten, wenn das Chaos mal wieder zu groß wurde und die Kraft zu gering.

… meinem Vater, dem ich einen Spruch in meinem Poesiealbum verdanke, der erst heute Sinn macht: „Geh nicht nur die glatten Straßen. – Geh Wege, die noch niemand ging, damit du Spuren hinterlässt und nicht nur Staub!“ (Antoine de Saint-Exupéry).

… Robert Karsten für sein beharrliches Commitment, seine Begeisterung, seine wertvollen Impulse und seine hartnäckigen Durchhalteparolen – und die fantastischen Katzen- und BARF-Bilder, die er zu diesem Herzensprojekt beigesteuert hat.

… meiner Kollegin Carmen Goldstein für die stete Ermutigung und Unterstützung in allen Fragen der Arbeit und des Lebens.

… meinen Coaches und Mentoren Ulrike Bach, Ilona Hinzmann und Andreas Hundseder – dafür, dass sie mir geholfen haben, meine Themen zu erkennen, meine eigenen Hürden aus dem Weg zu räumen und über mich hinauszuwachsen.

… meinen tierischen Patienten und ihren Menschen, die mir so viel Vertrauen geschenkt und mich vor so viele Herausforderungen gestellt haben – die Zusammenarbeit mit euch war und ist der Grundstock für meine therapeutische Arbeit und meinen Wunsch nach lebenslangem Lernen. Danke für euren Mut, diese neuen Wege mit mir zu beschreiten.

Wozu BARFen?

Obwohl sich BARF – die biologisch artgerechte Rohfütterung – in den letzten Jahren zunehmend in der Hundehaltung etablieren konnte, fristet dieses Konzept in der Katzenernährung noch immer ein Schattendasein. Zu Unrecht: BARF ist die naturnächste und damit artgerechteste Form der Fütterung. Warum sie also einem Organismus vorenthalten, der so hochspezialisiert ist wie der unseres obligaten Karnivoren Katze, der auf die Verdauung von tierischen Futterkomponenten ausgerichtet und auf sie angewiesen ist, um langfristig gesund und agil zu bleiben?

Sehen wir den Tatsachen ins Gesicht: Unserer Tierhaltung ist bequem und unkompliziert geworden. Das Sortiment an Fertigfuttermitteln ist in den letzten Jahren so immens gewachsen, dass wir unserer Katze Nahrung vorsetzen können, die für sie maßgeschneidert zu sein scheint: Dosen- und Trockenfuttermittel decken dabei aber längst nicht mehr nur pauschal den Energie- und Nährstoffbedarf unseres Haustieres – sie berücksichtigen, welcher Rasse unser Stubentiger angehört, in welcher Lebens- oder Leistungsphase er sich befindet, ob er sein Leben als gemütlicher Couchpotato genießt oder aber als ungestümer Freigänger in der Nachbarschaft unterwegs ist.

Die Fertigfuttermittel erfüllen zudem den Wunsch des verantwortungsbewussten Tierbesitzers, noch mehr für die Gesundheit seines Vierbeiners zu tun – und enthalten Nahrungsergänzungsmittel und „Superfoods“, die beispielsweise die Schönheit von Fell und Haut verbessern oder auch die Beweglichkeit fördern sollen.

Katzen sind obligate Karnivoren, also reine Fleischfresser.

! Als Superfoods bezeichnet man Lebensmittel, die sich besonders positiv auf die Gesundheit auswirken sollen, etwa indem sie das Immunsystem stabilisieren und uns und unseren Tieren ein Plus an Nährstoffen bieten. Zu den Superfoods, mit denen auch manche Fertigfuttermittel für Hund und Katze angereichert sind, zählen unter anderem Chiasamen, Açaibeeren oder Moringa-Pulver.

Besonders reichhaltig ist auch das Sortiment an Spezialfuttermitteln und Nahrungskonzepten, die eigens kreiert wurden, um den kleinen und großen gesundheitlichen Problemen unserer geliebten Stubentiger entgegenzuwirken. Inzwischen gibt es Trocken- und Nassfutter für besonders mäkelige Katzen oder Tiere mit wechselhaftem Appetit, für Tiere mit wiederkehrenden Verdauungsstörungen wie Blähungen, Durchfall und Erbrechen. Futtermittel für diese Patienten sollen hochverdaulich und besonders magenschonend sein; sie unterstützen die Darmflora und regulieren den Kotabsatz.

Auch gegen das gesundheitsschädigende Übergewicht unserer Wohnungskatzen können wir vorgehen, indem wir zu einer speziellen Reduktionsdiät greifen: Hierbei handelt es sich um Fertigfutter, das durch die Verarbeitung von Füllstoffen wie Zellulose und Rübentrockenschnitzel zwar „Masse" liefert und so ein Sättigungsgefühl imitiert, gleichzeitig aber ist es kalorien- und fettreduziert, um den Weg hin zum Idealgewicht zu ebnen. Im Gegensatz dazu gibt es auch hochkalorische Päppelnahrung für Tiere, die beispielsweise aufgrund einer langen Erkrankung stark an Gewicht verloren haben und nun ein Plus an Energie und Nährstoffen benötigen.

! Nimmt die Katze trotz einer ausreichenden Futtermenge oder trotz ihres gesteigerten Appetits fortschreitend ab, kann dies eine organische Ursache haben: Insbesondere Erkrankungen der Schilddrüse (Hyperthyreose = Schilddrüsenüberfunktion) und der Bauchspeicheldrüse (Exokrine Pankreasinsuffizienz = unzureichende Produktion von Verdauungsenzymen) können der Grund sein. Aber auch gravierende Fehlbesiedelungen der Darmflora, akute oder chronische Entzündungen der Schleimhäute im Magen-Darm-Trakt und damit einhergehende Resorptionsstörungen können eine unzureichende Nährstoffaufnahme und damit einen Gewichtsverlust verursachen. Ausgeschlossen werden müssen ebenfalls maligne Erkrankungen (Tumoren) im Bereich des Magen-Darm-Trakts.

Auch wenn Katzen in einer schlechten Verfassung sind, kann das BARFen helfen, den Gesundheitszustand zu verbessern.

Rein rechnerisch gesehen sind die modernen Spezialfuttermittel imstande, die tierärztliche Therapie bei veränderten Organwerten und manifesten Erkrankungen von Leber, Nieren oder Bauchspeicheldrüse zu unterstützen; auch für Erkrankungen der Harnwege wie Blasenentzündungen und Harnkristallleiden gibt es inzwischen maßgeschneiderte Lösungen im Futternapf.

Besonders gefragt sind Ernährungskonzepte für Haus- und Wohnungskatzen, die an Allergien leiden. Ihre Zahl steigt von Jahr zu Jahr. Die chronisch erkrankten Tiere zeigen hierbei neben anhaltenden Verdauungsstörungen ausgesprochen therapieresistente Hautreizungen und Hautveränderungen, Juckreiz und großflächige Entzündungen insbesondere im Bereich der Ohren, der Schläfen, des Halses und des Unterbauchbereiches; eine Futtermittelallergie kann sich aber auch durch neurologische Auffälligkeiten und Verhaltensstörungen äußern. Auf dem Markt finden sich inzwischen zahlreiche Spezialfuttermittel, die eine Allergieproblematik abmildern sollen. In ihnen sind in der Regel besonders exotische Fleischsorten wie Pferd, Känguru, Rentier oder Büffel verarbeitet. Oder es handelt sich um sogenannte hydrolysierte Proteinquellen: Eiweißstrukturen, die derart intensive chemische Verarbeitungsprozesse durchlaufen haben, dass das überschießende Immunsystems des Allergikers sie nicht mehr als „Feind" identifizieren kann und folglich keine Entzündungsprozesse zur Abwehr in Gang setzt.

Eigentlich müssten unsere Tiere unbeschwert und glücklich in einem gesundheitlichen Eldorado leben, in dem jedes noch so kleine körperliche oder zum Teil auch psychische Wehwehchen einfach weggefüttert werden kann. (Ein bekannter Produzent von tierärztlicher Spezialnahrung hat kürzlich ein Trockenfutter auf den Markt gebracht, das hydrolysiertes Milchprotein und die Aminosäure L-Tryptophan enthält. Es soll besonders sensible und nervöse Katzen in herausfordernden Lebensphasen wie Stress, Umzug, Besitzerwechsel usw. unterstützen.)

Tatsächlich aber werden in der veterinärmedizinischen Praxis von Jahr zu Jahr mehr Katzenpatienten vorgestellt, deren Erkrankung von einer anhaltend artwidrigen Fütterung hervorgerufen oder zumindest unterhalten wird. Die Ursache hierfür ist in den Rezepturen der meisten Fertigfuttermittel zu suchen. Anstatt den Eiweißbedarf der Katze mit hochwertigem Muskelfleisch zu decken, werden schwerverdauliche Eiweißstrukturen beispielsweise aus Schlund, Lunge und Euter eingesetzt. Oder die Hersteller greifen auf pflanzliche Proteine aus der Erbse oder der Sojabohne zurück. Höchst problematisch ist auch der hohe Kohlenhydratanteil in der Fertignahrung: Da Kohlenhydrate von der Katze nur unzureichend verdaut werden können, verursachen sie oft schwerwiegende Schädigungen der Schleimhäute im Magen-Darm-Trakt.

Immer mehr Katzen leiden heutzutage an Allergien.

Die meisten Fertigfuttermittel fallen jedoch nicht nur aufgrund ihrer fragwürdigen Rezepturen durchs Qualitätsraster artgerechter Tiernahrung. Nicht zu unterschätzen sind auch die zahlreichen Verarbeitungsschritte, die diese Produkte durchlaufen haben und die allesamt mit einem Nährstoffverlust einhergehen. Daher sind auch die Hersteller höherwertiger Nahrung auf die Zugabe von synthetischen Zusatzstoffen angewiesen, um den Bedarf der Katze zu decken. In den Convenience-Futtermitteln, die wir im Super- und Drogeriemarkt, aber auch in den Tierfutterfachgeschäften erhalten, finden sich darüber hinaus zahlreiche Farb- und Geschmacksstoffe, künstliche Aromen und Konservierungsstoffe, deren Auswirkung auf die Gesundheit unserer Haustiere noch nicht abschließend geklärt ist. Fest steht jedoch: Je intensiver ein Futtermittel verarbeitet ist, desto wahrscheinlicher ist es, dass es Reaktionen im Körper auslöst.

Woran merke ich, dass meine Katze ihr Fertigfutter nicht verträgt?

Folgende körperliche Anzeichen und Symptome können darauf hinweisen, dass das Futter einer Katze aktuell nicht gut bekommt:

- Vermehrte Zahnsteinbildung
- Zahnfleischreizungen
- Intensiver Maulgeruch
- Pustelbildung im Maulbereich (Feline Kinnakne)
- Hautirritationen
- Juckreiz, übertriebenes Putzverhalten
- Stumpfes Fell
- Schuppenbildung
- Fellausfall, kahle Stellen im Fell (Leckalopezie)
- Sprödes Krallenwachstum, Krallenbeißen
- Vermehrtes Speicheln
- Übelkeit
- Futterverweigerung
- Erbrechen
- Darmgeräusche und Blähungen, aufgetriebener Bauch
- Wechselnde Kotkonsistenzen
- Durchfall
- Schleimige oder blutige Beimengungen im Kot
- Analdrüsenprobleme
- Neurologische Auffälligkeiten, Verhaltensänderungen
- Übergewicht
- Untergewicht/Mangelhafte Gewichtszunahme

Eine artgerechte Ernährungsform ist weit mehr als ein „nice to have". Die Nahrung ist bei unseren Tieren ebenso wie bei uns Menschen die Grundlage für eine umfassende, nachhaltige Gesundheit. Nur wenn der Organismus in einem ausreichenden, individuell angepassten Maß mit Energie und Nährstoffen versorgt ist, kann er wachsen, reifen, seine Strukturen ausbilden und erhalten, seine Regenerationsprozesse in Gang setzen und Krankheitserregern wie Keimen und Parasiten Widerstand leisten.

> **!** Durch die zahlreichen Erhitzungs- und Verarbeitungsvorgänge ist der Nährstoffgehalt der Fertigfuttermittel im Vergleich zu dem beim BARFen deutlich reduziert und in seiner Bioverfügbarkeit stark eingeschränkt.

Auch im Krankheitsfall sollte die Ernährung als Dreh- und Angelpunkt der Therapie und Genesung gesehen werden. Die Erfahrung zeigt, dass eine rein medikamentöse Behandlung in der Regel nicht ausreicht, um gerade chronisch kranken Tieren oder auch Patienten mit degenerativen Erkrankungen langfristig Linderung zu verschaffen.

„Lass die Nahrung deine Medizin sein und Medizin deine Nahrung."
Hippokrates von Kos, antiker Arzt, (460 – ca. 370 v. Chr.)

Was hat es nun eigentlich mit dem BARFen auf sich? Kann es den hochspezialisierten Nahrungsansprüchen unserer Hauskatze gerecht werden? Wie ist die Akzeptanz von rohem Fleisch bei unseren Trockenfutter-Junkies und Junkfood-Fressern, für die man sich quer durchs Supermarkt-Sortiment testen muss, um sie einigermaßen bei Laune zu halten? Ist dieser Zubereitungsaufwand denn wirklich nötig und lohnt er sich auf lange Frist? Oder handelt es sich bei der biologisch artgerechten Rohfütterung um eine sentimentale Forderung nach „back to the roots" im Katzennapf, die mit der reellen Gefahr einhergeht, durch Fehlversorgungen mit bestimmten Nährstoffen gesundheitliche Schäden zu verursachen?

Beschäftigt man sich mit den verschiedenen Fütterungsformen, so taucht immer wieder diese eine Frage auf: Die Katze durchstreift die Welt doch schon seit Tausenden von Jahren an der Seite des Menschen. Hat sie sich denn nicht wie der Hund an die menschliche Nahrung angepasst? Muss denn eine Katze tatsächlich noch so naturnah gefüttert werden oder hat sie im Laufe der Evolution nicht die Fähigkeit ausgebildet, Kohlenhydrate zu verdauen? Warum genau bezeichnen wir die Katze nach wie vor als obligaten Karnivoren, also reinen Fleischfresser, wenn doch die Convenience-Nahrung vor Getreide und pflanzlichen Bestandteilen nur so strotzt?

Tatsächlich ist die professionelle Katzenzucht gerade einmal 150 Jahre alt; erst in der zweiten Hälfte des 19. Jahrhunderts begann der Mensch aktiv, in das Genom der Katze einzugreifen. Innerhalb dieses sehr kurzen Zeitraums hatte der Verdauungsapparat der Katze keinerlei Möglichkeit, sich umzustrukturieren und sich einer neuen Ernährungsform anzupassen – rein anatomisch und physiologisch betrachtet, entspricht der Magen-Darm-Trakt unserer heute lebenden Hauskatze

Kurze Domestikationsgeschichte der Katze

Die Domestikationsgeschichte der Katze beginnt vor knapp 10.000 Jahren im „Fruchtbaren Halbmond“, einem besonderes boden- und regenreichen Gebiet im heutigen Nordirak, in Syrien, dem Libanon, in Israel, Palästina, Jordanien und dem nördlichen Ägypten. Als die Menschen sesshaft wurden und begannen Ackerbau zu betreiben, näherte sich die Katze ihren Siedlungen an. So lebte sie zunächst von Speiseresten und Ungeziefer, ehe sie half, Getreidefelder, Vorratskammern und schließlich auch Kornspeicher frei von Ratten und Mäusen zu halten.

Als sich nach dem 7. Jahrtausend v. Chr. die Landwirtschaft in die angrenzenden Gegenden und Gebiete ausdehnte, die Menschen erneut auf Wanderschaft gingen und ihre Handelsrouten ausbildeten, folgte die Katze ihnen und konnte sich somit über die ganze Welt verbreiten. Aus dieser frühen Zweckgemeinschaft erklärt es sich, dass die lybische Falbkatze *Felis silvestris lybica* als Vorfahre aller heute lebenden Hauskatzen anerkannt ist, ganz gleich, ob diese nun einer standardisierten Zucht angehören oder nicht.

In ihrer wegweisenden Studie „The Near Eastern Origin of Cat Domestication“ (2007) fanden Dr. Carlos A. Driscoll und sein Forscherteam heraus, dass die Gattungen unserer heute lebenden Hauskatzen und ihrer wild lebenden Verwandten genetisch so ähnlich sind, dass sie sich untereinander paaren und fruchtbare Nachkommen hervorbringen können. Entsprechend sind auch die Physiologie und Stoffwechselleistung miteinander vergleichbar: Unser domestizierter Stubentiger stellt also dieselben Ansprüche an seine Energie- und Nährstoffversorgung wie eine Steppenkatze.

also dem ihrer wild lebenden Verwandten auf der ganzen Welt. Daher ist auch ihr Anspruch an ihre Ernährungsform und damit ihre Energie- und Nährstoffversorgung identisch.

Die biologisch artgerechte Rohfütterung ist in ihren Grundsätzen dem natürlichen Beutetierspektrum unserer Hauskatze nachempfunden. Indem wir mit naturbelassenen Futterkomponenten arbeiten, stellen wir unseren Stubentigern ein hohes Maß an Nährstoffen und Energie zur Verfügung und sind dank angepasster Rezepturen in der Lage, sie in allen Phasen ihres Lebens optimal zu unterstützen und sogar auf Erkrankungen und eine altersbedingt nachlassende Stoffwechselleistung Rücksicht zu nehmen.

Von der Physiologie her ist die Hauskatze ihren wild lebenden Verwandten immer noch sehr ähnlich.

Beim BARFen setzen wir aus Muskelfleisch, Innereien und Knochen, einem geringen pflanzlichen Anteil sowie einigen wenigen Nahrungsergänzungsmitteln ein künstliches Beutetier zusammen und decken den Energie- und Nährstoffbedarf der Katze so auf natürlichem Wege.
Wie das gelingen kann, worauf man achten muss, wie BARF auch im Arbeitsalltag umsetzbar ist, welche Regeln und Konzepte es gibt und welche Voraussetzungen der verantwortungsbewusste Katzenhalter mitbringen muss, um sein Tier langfristig ausgewogen zu ernähren – das erfahren Sie in diesem Buch.

Der Verdauungstrakt der Katze

Der Magen-Darm-Trakt der Katze ist in all seinen Strukturen und Prozessen darauf ausgerichtet, Nahrung tierischen Ursprungs zu verdauen und die aufgenommenen Nährstoffe für den Organismus zur Verfügung zu stellen.

Der Verdauungstrakt der Katze

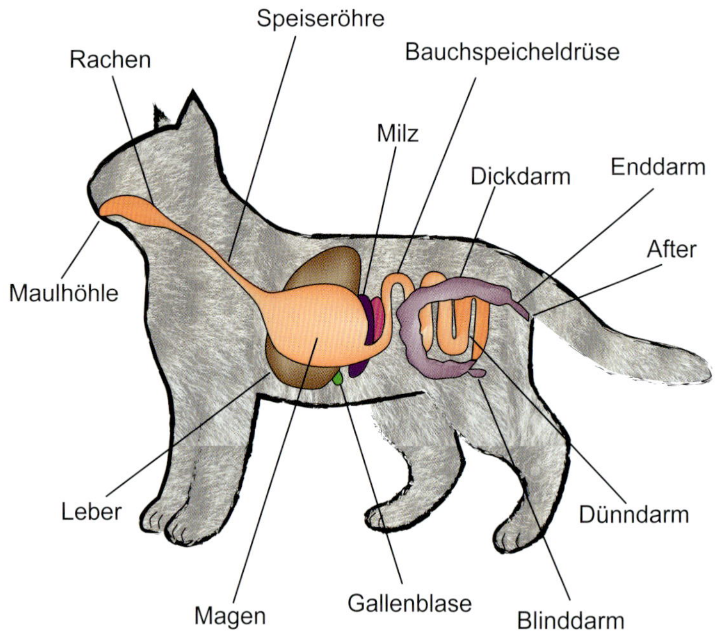

Maulhöhle (Cavum oris); Rachen (Pharynx); Speiseröhre (Ösophagus); Magen (Gaster, Ventriculus); Darm (Intestinum) → Dünndarm (Intestinum tenue) → Dickdarm (Intestinum crassum); Leber (Hepar) und Gallenblase (Vesica fellea); Bauchspeicheldrüse (Pankreas)

- Als reiner Fleischfresser besitzt die Katze einen recht kurzen Darm, da in ihm keinerlei mikrobielle Zersetzungsprozesse stattfinden, wie es beispielsweise beim Pflanzenfresser (Herbivore) der Fall ist.
- Das Verhältnis Darmlänge zu Körperlänge beträgt bei der Katze 3 : 1.
- Die vollständige Verdauungszeit liegt bei der Katze bei etwa 24 bis 36 Stunden.

Die Maulhöhle

Die erste Station des Verdauungstrakts ist die **Maulhöhle (Cavum oris)**: Sie umfasst neben der **Zunge** und den **Zahnstrukturen** auch den **Gaumen**, der von sogenannten **Gaumenstaffeln** bedeckt ist. Mit ihnen kann die Katze ihre Nahrung besser greifen und bearbeiten. Im hinteren Teil der Maulhöhle geht der harte Gaumen in den weichen Gaumen über und bildet abschließend den Übergang zum **Rachenbereich (Pharynx)**.

Als reiner Fleischfresser besitzt die Katze eine ausgesprochen kräftige Kiefermuskulatur und ein typisches **Beutegreifer-** oder auch **Scherengebiss**, in dem kegelförmige Zähne aneinander vorbeigleiten. Die 26 Milchzähne der heranwachsenden Jungkatze werden in der Zeit zwischen dem 5. und 7. Lebensmonat durch 30 bleibende Zähne ersetzt. In der Zeit des Zahnwechsels zeigt die Katze ein starkes Bedürfnis zu kauen und ihre Zähne einzusetzen; sie befriedigt es am besten und am natürlichsten durch die Bearbeitung robuster Strukturen wie beispielsweise Geflügelmägen oder Hühnerhälse.

! Die handelsüblichen Zahnpflege-Leckerli sind für die Zeit des Zahnwechsels nicht geeignet, weil sie nicht ausreichend Widerstand leisten und so das Kaubedürfnis der Katze nicht befriedigen. Auch im Erwachsenenalter sind zur Zahnpflege robuste, bindegewebige Strukturen industriell hergestellten Kauartikeln vorzuziehen.

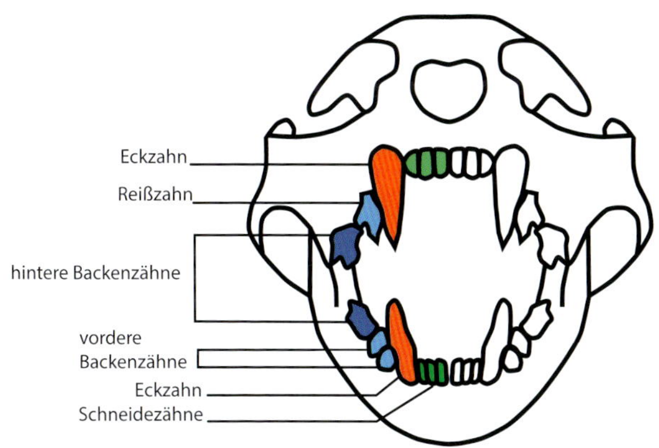

Das Gebiss der Katze

Die Katze besitzt prominente **Eck-** oder **Fangzähne (Canini)**, mit denen sie ihre Beute ergreift, festhält und ihr den tödlichen Biss versetzt. Mit ihren **Schneidezähnen (Incisivi)** schabt sie das Fleisch vom Knochen, mit ihren **Backenzähnen (Prämolaren, Molaren)** zerteilt sie Fleisch- und Knochenstrukturen, ehe sie diese abschluckt. Für einen Kauvorgang im physiologischen Sinne ist das Gebiss der Katze nicht ausgelegt und nicht imstande; anders als der Pflanzenfresser kann der Fleischfresser Katze weder Pflanzenfasern noch Getreidekörner mechanisch zerkleinern.

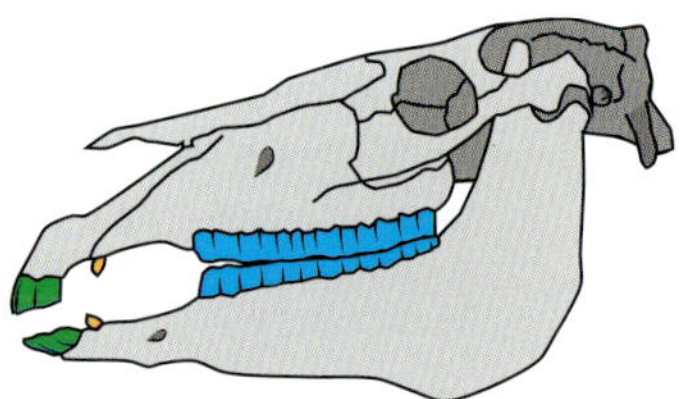

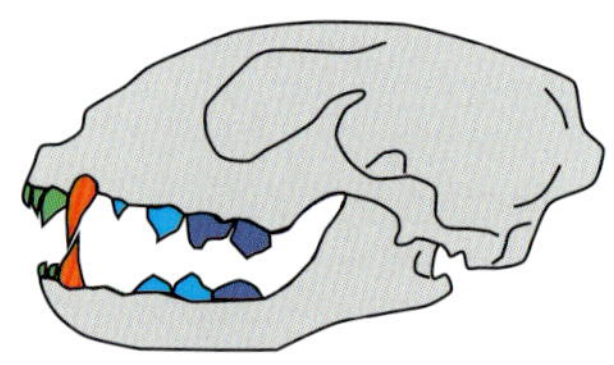

Im Vergleich das Gebiss von einem Pflanzenfresser (Pferd) und einem Fleischfresser (Katze).

Um pflanzliche Anteile überhaupt verdauen zu können, müssen diese Nahrungsbestandteile aufgeschlossen werden, beispielsweise indem man sie sehr weichkocht oder besser noch püriert. Dennoch ist die Katze nur in einem sehr unzureichenden Maß imstande, vegetarische Kost zu verwerten – vielmehr kann ein allzu hoher Anteil an Kohlenhydraten oder auch pflanzlichen Eiweißen (z. B. aus der Sojabohne) den Verdauungstrakt sowie die Stoffwechselorgane der Katze schädigen.

Die typisch raue Oberfläche der Zunge ist gut zu erkennen.

Die markante Zunge der Katze erfüllt zahlreiche Aufgaben: Sie wird zur Körperpflege eingesetzt, hilft der Katze aber auch, das erlegte Beutetier von Fell und Gefieder zu befreien. Mit ihrer Zunge überprüft die Katze ihr Futter hinsichtlich Konsistenz und Temperatur und untersucht es auf kleine Fremdkörper wie beispielsweise Steine oder Stacheln.

Verschiedene **Papillen** verleihen der Katzenzunge ihre typisch raue Oberfläche: Die Fadenpapillen beispielsweise helfen, die Nahrung sensorisch wahrzunehmen und kleine Fleischreste vom Knochen zu lösen. In den Pilz- sowie den Blattpapillen befinden sich die einzelnen Geschmacksknospen.

Entgegen der landläufigen Meinung ist der **Geschmackssinn** der Katze nicht sonderlich fein ausgeprägt: Auf ihrer Zunge besitzt sie lediglich 400 bis 500 Geschmacksknospen – etwa ein Fünfundzwanzigstel der Menge, die uns Menschen zur Verfügung steht. Für die Akzeptanz von Futtermitteln ist bei der Katze daher primär der **Geruchssinn** verantwortlich. Folglich stellen viele Tiere das Fressen ein, sobald sie an einem Infekt der oberen Atemwege leiden und dadurch ihren Geruchssinn teilweise oder auch vollständig verlieren.

! Lediglich die Geschmacksrichtungen salzig, bitter, sauer und umami („fleischig") kann die Katze wahrnehmen, nicht jedoch die Geschmacksrichtung süß.

In der Maulhöhle wird die aufgenommene Nahrung mit **Speichel** befeuchtet, der verschiedene Keime und abgestoßene Gewebszellen (Epithelzellen) aus der Maulschleimhaut enthält. Darüber hinaus besitzt der Speichel der Katze desinfizierende Eigenschaften: In ihm finden sich verschiedene Immunzellen, die eine erste Abwehr von Krankheitskeimen bereits auf den Maulschleimhäuten ermöglichen.
Während der Speichel der Pflanzen- und Allesfresser geringe Menge des Enzyms Amylase besitzt und somit eine erste Kohlenhydrataufspaltung bereits im Maulraum ermöglicht, ist dieses Enzym im Speichel der Katze nicht enthalten. Nachdem die zerkleinerte und angefeuchtete Nahrung den Rachenbereich passiert hat, wird sie durch peristaltische Bewegungen der **Speiseröhre (Ösophagus)** in den Magen transportiert.

Der Geschmackssinn einer Katze ist nicht so fein ausgeprägt, daher spielt der Geruchssinn bei der Futterwahl eine bedeutende Rolle.

Der Magen

Beim **Magen (Gaster, Ventriculus)** handelt es sich um eine sackartige Ausbuchtung des Verdauungstrakts, der mit Drüsenschleimhaut ausgekleidet ist und von zwei **Schließmuskeln** (Mageneingang: **Cardia**, Magenausgang: **Pylorus**) begrenzt wird. Bedauerlicherweise sind die tierartspezifischen Verdauungsvorgänge bei der Katze nicht so detailliert und umfassend untersucht wie beim Hund. Daher müssen sich Ernährungswissenschaft und Tiermedizin aus diesem Erfahrungsschatz bedienen. Der Magensaft der Katze enthält ein Vielfaches der Menge an Salzsäure, die dem Menschen im Verdauungsprozess zur Verfügung steht. Mit seinem sehr sauren pH-Wert von 1,5 bis 2 besitzt der Magensaft daher herausragende desinfizierende Eigenschaften.

Keimpolizei Magensaft

Beim BARFen ist die Angst vor einer Infektion mit Krankheitskeimen und Parasiten weitgehend unbegründet: Der aggressive Magensaft der Katze wehrt pathogene Organismen jeglicher Art wirksam ab. Bei Tieren mit einem dauerhaft geschwächten oder supprimierten (unterdrückten) Immunsystem sowie chronischen Erkrankungen des Magen-Darm-Trakts kann die Rohfütterung aber problematisch werden. Bei diesen Katzen sollte man eine schonende Umstellungsphase einplanen, damit sich der Verdauungstrakt an die neue Art der Fütterung gewöhnen kann.

Warum eine unzureichende Magensaftproduktion auf eine artwidrige Fütterung zurückzuführen ist – und welche Konsequenzen sich dadurch ergeben

Nur durch die Aufnahme von fleischhaltiger Nahrung kann bei der Katze die Magensaftproduktion angeregt werden, nicht aber durch den Verzehr von vegetarischer oder kohlenhydratreicher Kost. Bekommt unser obligater Karnivor nun bei einer überwiegenden oder sogar ausschließlichen Fütterung von Trockenfutter oder minderwertigem Nassfutter Nahrung mit einem hohen pflanzlichen Anteil vorgesetzt, wird zu wenig Magensaft produziert. Dadurch verbleibt die Nahrung zu lang im Magen und wird nicht anverdaut. Verdauungsstörungen können hier die Folge sein.

Außerdem kann durch die unzureichende Produktion von Magensaft die aufgenommene Nahrung nicht mehr ausreichend desinfiziert werden. Folglich haben Parasiten und Krankheitskeime leichtes Spiel, in den Verdauungstrakt der Katze einzudringen.

In den Fütterungspausen wird kein Magensaft produziert; in dieser Zeit steigt der pH-Wert im Magen auf 5 bis 6 an.
Verdauungsprozesse finden im Magen nicht statt – und entsprechend auch keine Nährstoffaufnahme. Lediglich die mit der Nahrung aufgenommenen Eiweißstrukturen (Proteine) werden in kleine Bausteine, die sogenannten Polypeptide, zerlegt.

Der Dünndarm

Der überwiegende Teil der Nährstoffaufspaltung und -resorption findet im **Dünndarm (Intestinum tenue)** statt, der mit dem **Zwölffingerdarm (Duodenum)** beginnt. In diesem Darmabschnitt werden dem Nahrungsbrei die Sekrete aus **Leber** und **Bauchspeicheldrüse** zugesetzt.

Die Bauchspeicheldrüse (Pankreas)

Im Verdauungs- und Stoffwechselprozess übt die Bauchspeicheldrüse zwei wichtige Funktionen aus: In ihrer endokrinen (hormonbildenden) Funktion produziert sie die Hormone **Glukagon** und **Insulin**, die für die Regulation und Aufrechterhaltung des Blutzuckerspiegels von Bedeutung sind; in ihrer exokrinen Funktion produziert die Bauchspeicheldrüse verschiedene Verdauungsenzyme und schüttet diese aus:
Lipase → Spaltung von Nahrungsfetten
Proteasen → Spaltung von Eiweißstrukturen
Amylase → Spaltung von Kohlenhydraten

Die Katze produziert dabei nur etwa 1/20 der Menge an Amylase, die dem Hund im Verdauungsprozess zur Verfügung steht. Sie kann somit nur einen Bruchteil der Menge an Kohlenhydraten aufspalten, die der Hund verdauen kann. Nur wenn die Bauchspeicheldrüse in einem ausreichendem Maß Verdauungsenzyme ausschüttet, kann die aufgenommene Nahrung auch aufgespalten werden; ist die Funktion der Bauchspeicheldrüse eingeschränkt, hat dies weitreichende Konsequenzen für den Gesamtorganismus. Folgende Symptome können bei einer Bauchspeicheldrüseninsuffizienz auftreten:
- Gewichtsverlust trotz ausreichender oder vermehrter Nahrungsaufnahme
- Fellveränderungen
- Absetzen großer Mengen Kot
- Einschluss sichtbarer, unverdauter Nahrungsbestandteile
- Hellbraune oder gräuliche Färbung des Kotes
- Fettiger Glanz auf dem Kot
- Intensiv talgiger Geruch des Kotes

Im anschließenden Dünndarmabschnitt, dem **Leerdarm (Jejunum)**, findet ein Großteil der Nährstoffspaltung und -aufnahme (Resorption) statt. Im Leerdarm ist die Darmschleimhaut sehr stark gefältelt und dicht mit **Zotten**, den sogenannten **Villi**, besetzt. Auf diesen befinden sich noch kleinere Zotten **(Mikrovilli)**, die die Oberfläche der Dünndarmschleimhaut enorm vergrößern. Die Mikrovilli enthalten feinste Blutgefäße, welche die aus dem Darminhalt resorbierten Nährstoffe zu den größeren Venen transportieren, ehe sie schließlich über die **Portalvene (Vena portae)** zur Leber gelangen, wo sie selektiert, verarbeitet und zu ihren Zielzellen gebracht werden.

Stress kann sich negativ auf die Verdauung auswirken.

Wie sich Stress auf die Verdauung auswirkt

In der Neurologie unterscheiden wir zwischen dem sympathischen und dem parasympathischen Nervensystem. Das parasympathische Nervensystem ist im Ruhezustand des Organismus aktiv und trägt unter anderem dafür Sorge, dass die Verdauungsprozesse vollständig ablaufen können. Eine Aktivierung des sympathischen Systems hingegen versetzt den Körper in einen „Fight or Flight"-Modus: Der Körper ist in Alarmbereitschaft, der Blutdruck steigt, der Herzschlag erhöht sich, der Muskeltonus steigt.

Lebt nun ein Tier in einer anhaltenden Stresssituation (z. B. wiederkehrende Rudelkonflikte), arbeitet sein sympathisches Nervensystem auf Hochtouren: Die Darmpassage wird hierbei auf unnatürliche Weise beschleunigt, sodass Verdauungsprozesse nicht mehr vollständig ablaufen können. In der Folge entstehen wiederkehrende Durchfälle, die neben einem Nährstoffmangel auch Reizungen und Entzündungen der Darmschleimhaut nach sich ziehen können.

Sobald der Nahrungsbrei in den letzten Dünndarmabschnitt, den **Krummdarm (Ileum)** gelangt, ist die Nährstoffresorption weitgehend abgeschlossen; lediglich die ausgeschütteten Gallensäuren werden hier noch rückresorbiert. Jedoch spielt der Krummdarm für die Immunabwehr des Körpers eine zentrale Rolle, da in ihm ein Großteil des sogenannten **darmassoziierten Immunsystems** (gut associated lymphatic tissue, „GALT") sitzt. In den **Peyerschen Plaques**, einer dichten Ansammlung von Lymphfollikeln, werden oral aufgenommene Krankheitskeime und Parasiten beseitigt.

80 % des Immunsystems sitzen im Darm

Schädigungen der Darmschleimhaut entstehen unter anderem durch Infektionen, einen unbehandelten Parasitenbefall, bestimmte Medikamente, aber auch durch anhaltende Fütterungsfehler. Die Folgen daraus lassen sich nicht auf Verdauungsbeschwerden wie beispielsweise wiederkehrender Durchfall reduzieren: Hat die Darmschleimhaut Schaden genommen, so schützt sie den Körper auch nicht ausreichend vor Infektionen mit Krankheitskeimen oder Endoparasiten (Darmparasiten).
Insbesondere aus der Humanmedizin ist inzwischen bekannt, dass eine geschädigte Darmschleimhaut die Bildung von Allergien begünstigen kann. Beim „leaky gut"-Syndrom (Syndrom des durchlässigen Darms) entsteht eine erhöhte Durchlässigkeit (Permeabilität) der Darmschleimhaut, die dazu führt, dass unphysiologisch große Nahrungsmoleküle aus dem Darm in die Blutbahn gelangen können. Das Immunsystem schaltet in den „Alarm-Modus" und setzt eine Vielzahl von Abwehrmechanismen in Gang.
Zur Diagnostik des „leaky gut"-Syndroms stehen uns verschiedene Laborparameter zur Verfügung: Durch die Bestimmung des Zonulin-Werts im Kot beispielsweise kann die Durchlässigkeit der Darmschleimhaut gemessen werden, die Untersuchung des Parameters Alpha 1-Antitrypsin im Blut ermöglicht die Diagnose von Entzündungsvorgängen im Verdauungstrakt.

Der Dickdarm

Nachdem der Nahrungsbrei in den verschiedenen Dünndarmabschnitten zersetzt und die in ihm enthaltenen Nährstoffe resorbiert wurden, gelangt er in den **Dickdarm (Intestinum crassum)**, wo er entwässert, mit peristaltischen Bewegungen durchmengt und schließlich zu Kot geformt wird. Anders als beim Pflanzenfresser finden mikrobielle Zersetzungsprozesse im Dickdarm der Katze nur in einem sehr geringen Maß statt; allerdings werden im letzten Darmabschnitt die lebenswichtigen B-Vitamine synthetisiert.

Analdrüsen

Links und rechts des Rektums befinden sich bei der Katze die Analdrüsen. Sie produzieren und sezernieren ein Sekret mit spezifischen Duftstoffen, die die Katze nutzt, um ihr Revier zu markieren. Die Analdrüsen entleeren sich auf physiologischem Weg beim Kotabsatz. Liegen die Drüsen jedoch sehr tief oder ist der Kotabsatz der Katze dauerhaft zu weich, kann das Sekret nicht ausgeschieden werden. Dies kann Entzündungen und schmerzhafte Abszessbildungen nach sich ziehen.

Der Dickdarm gliedert sich in Blinddarm, Grimmdarm und Mastdarm. Der **Blinddarm (Caecum)** ist bei der Katze sehr verkürzt. In ihm findet sich eine Vielzahl an Lymphknoten, im Verdauungsprozess spielt er aber nur eine untergeordnete Rolle. Anders der **Grimmdarm (Colon)**: In ihm werden letzte Spaltprodukte resorbiert und dem Körper zur Verfügung gestellt. Aus den im Darmlumen verbleibenden unverdauten Nahrungsbestandteilen, den Sekreten der Leber und der Bauchspeicheldrüse, abgestorbenen Zellen der Darmschleimhaut, Darmbakterien sowie Gärungs- und Fäulnisprodukten wird schließlich der Kot geformt.
Der Grimmdarm endet in den **Mastdarm (Rektum)**, der von zwei kräftigen Ringmuskeln verschlossen wird.

Welche anatomischen Besonderheiten zeichnen die Katze als reinen Fleischfresser aus?

- Scherengebiss
- aggressiver Magensaft
- kurze Darmlänge, kurze Verdauungszeiten
- besondere Leber- und Bauchspeicheldrüsentätigkeit
- insgesamt unzureichende Produktion des stärkespaltenden Enzyms Amylase
- nur geringfügige Nährstoffresorption im Dickdarm

Energie- und Nährstoffbedarf der Katze

Bevor wir nun den konkreten Bedarf unserer Katze berechnen und einen Futterplan ausarbeiten können, setzen wir uns mit ihrem Energie- und Nährstoffbedarf auseinander.

Energiegewinnung

Der Körper benötigt Energie und Nährstoffe, um lebenswichtige Funktionen auszubilden. Dazu zählen unter anderem der Aufbau und der Erhalt von Zellen und Gewebsstrukturen, die Regulation der Körpertemperatur sowie die Herstellung von Körperenergie (Leistungsfähigkeit). Für die Katze ist Fett die zentrale Energiequelle. Kann sie über ihre Nahrung aber nicht ausreichend Fett zu sich nehmen, zieht der Organismus zur Energiegewinnung Aminosäuren heran (Glukoneogenese). Die Energiegewinnung aus der Verstoffwechselung von Kohlenhydraten spielt bei der Katze nur eine untergeordnete Rolle.

Die Energiedichte eines Nahrungsmittels misst man in Joule (kJ) oder auch Kilokalorien (kcal). Im Erhaltungsstoffwechsel liegt der theoretische Energiebedarf einer ausgewachsenen (adulten) Katze bei 90 bis 100 kcal pro kg des metabolischen Körpergewichts. Der tatsächliche Energiebedarf der Katze ist jedoch abhängig von ihrer Größe, ihrem Gewicht, ihrer Körperstruktur, ihrem Alter und ihrer Stoffwechselleistung sowie von der Dauer und dem Ausmaß ihrer Bewegung oder Belastung.

Der Energiebedarf einer Katze hängt von vielen verschiedenen Faktoren ab.

Metabolisches Körpergewicht der Katze = Körpergewicht KM ^{0,67}

Rechenbeispiel:
Eine Katze wiegt 5,0 kg.
Ihr metabolisches Körpergewicht errechnet sich wie folgt:
5,0 kg ^{0,67} = 2,94 kg

In den unterschiedlichen Wachstums- und Lebensphasen hat die Katze einen abweichenden Energiebedarf: So benötigen Kitten und heranwachsende Jungkatzen natürlich eine sehr hohe Nährstoffdichte sowie ein ausreichendes Maß an Energie, ebenso Kätzinnen im letzten Drittel der Trächtigkeit oder in ihrer Säugeperiode. Mit zunehmenden Alter verlangsamen sich die Stoffwechselprozesse, das Tier wird allgemein träger und ruhiger, folglich sinkt auch der Energiebedarf.

Die wichtigsten Nährstoffe in der Katzenernährung

Wir unterscheiden zwischen **essenziellen** Nährstoffen, die zwingend mit der Nahrung aufgenommen werden müssen, und **nicht-essenziellen** Nährstoffe, die der Körper selbst synthetisieren kann.

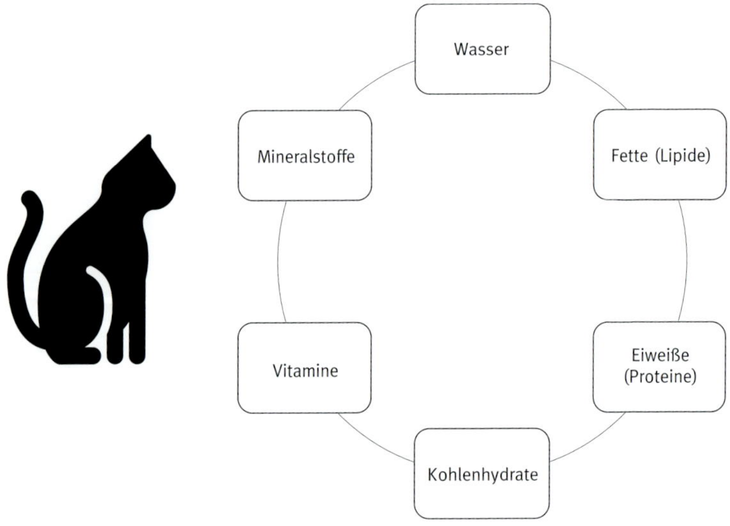

Wasser

Wasser ist der wichtigste Nährstoff im Körper: Es dient als Lösungs- und Transportmittel, stellt die Basis sämtlicher Verdauungssekrete dar und ermöglicht die Spaltung und letztlich auch die Aufnahme von Nährstoffen.

Eine gesunde Katze nimmt nur eine geringe Menge Wasser auf, wenn sie artgerecht ernährt wird.

„Meine Katze trinkt ausreichend" – ein Trugschluss!

Als ehemaliger Steppenbewohner ist die Katze weniger auf die direkte Aufnahme von Wasser ausgerichtet als viel mehr darauf, einen Großteil ihres Flüssigkeitsbedarfs über die Nahrung zu decken. Die Nieren einer Katze besitzen eine herausragende Filtrationsleistung, durch die eine beträchtliche Menge an Flüssigkeit zurückgehalten werden kann. Deswegen kommt die gesunde Katze mit einer sehr geringen Menge zusätzlich aufgenommenen Wassers zurecht.

Auffälliges Trinken bei der Katze weist folglich entweder auf eine sehr feuchtigkeitsarme Ernährung hin oder ist als Symptom einer ernst zu nehmenden Grunderkrankung zu werten. Infrage kommen unter anderem akute oder chronische Erkrankungen der Nieren oder der ableitenden Harnwege (Blase, Harnröhre), aber auch Stoffwechselerkrankungen wie Diabetes mellitus („Zuckerkrankheit") können mit einem verstärkten Durstgefühl (Polydipsie) einhergehen.

Der durchschnittliche Flüssigkeitsbedarf der Katze wird mit 30 bis 50 ml pro kg Körpergewicht angegeben. Tatsächlich ist der Wasserbedarf aber von zahlreichen Faktoren abhängig. Zu ihnen zählen unter anderem die Statur und die Fellbeschaffenheit des Tieres, seine Aktivität und natürlich auch die Außentemperatur. Ebenso beeinflusst die Fütterungsform die tägliche Trinkmenge der Katze enorm: Wird die Katze mit hochwertigem Nassfutter oder BARF ernährt, so kann sie 70 bis 80 % ihres Flüssigkeitsbedarfs über die Nahrung decken. Bei einer überwiegenden oder ausschließlichen Ernährung mit Trockenfutter gelingt ihr dies nicht. Um Trockenfutter im Magen aufweichen zu können, muss die Katze die rund vierfache Menge an Wasser zu sich nehmen.

Eiweiß (Proteine)

Proteine sind die Bausteine des Organismus: Der Körper benötigt sie zum Aufbau seiner Organe, seiner Muskulatur, der Knochen sowie des Stützgewebes. Proteine liefern Blutbestandteile, helfen bei der Produktion von Enzymen und Hormonen und spielen eine wichtige Rolle in den Abwehrprozessen des Immunsystems.

Der Proteinbedarf der Katze ist von verschiedenen Faktoren abhängig: Das Alter des Tieres spielt eine Rolle sowie seine jeweilige Lebensphase (Kitten, heranwachsendes Jungtier, trächtige oder säugende Mutterkatze, Katzensenior). Unterschiedliche Haltungsformen und damit unterschiedliche Aktivitätsgrade wirken sich auf den Eiweißbedarf ebenso aus wie die gesundheitliche Konstitution der Katze. So können Erkrankungen der Stoffwechselorgane Leber und Nieren unter Umständen eine Proteinreduktion in der Nahrung erforderlich machen.
Wie viel Protein die Katze benötigt, ist insbesondere aber auch von der Herkunft des Proteins abhängig. Katzen können Proteine tierischen Ursprungs naturgemäß besser verstoffwechseln als Proteine pflanzlicher Herkunft, etwa aus Hülsenfrüchten wie der Erbse oder der Sojabohne. Aber auch bei den tierischen Proteinquellen zeigen sich deutliche Unterschiede in der Wertigkeit und damit in ihrer Verwertbarkeit für die Katze. Das bedeutet: Je minderwertiger das Eiweiß ist, das die Katze über die Nahrung zu sich nimmt, desto mehr muss sie davon fressen, um ihren Eiweißbedarf zu decken. Von den qualitativ hochwertigen Proteinen benötigt die Katze entsprechend weniger.

! Zu den hochwertigen Proteinquellen zählen unter anderem Muskelfleisch, Fisch und Ei. Als schwer verdauliche Proteinquellen bezeichnet man bindegewebsreiche Strukturen wie zum Beispiel Schlund, Lunge und Euter. Tatsächlich werden diese Fleischbestandteile aber in den BARF-Konzepten nicht verfüttert; wir finden sie vielmehr in Fertigfuttermitteln zweifelhafter Qualität.

Wie viel Protein eine Katze benötigt, hängt stark von ihrer jeweiligen Lebensphase und Haltungsform ab.

Schwer verdauliche Proteinstrukturen können im Dünndarm der Katze nicht ausreichend aufgespalten werden. Sie gelangen daher weitgehend unverdaut in den Dickdarm, wo sie von Bakterien zersetzt werden. Die Folge sind unspezifische Verdauungsstörungen wie Blähungen oder Durchfall. Langfristig kommt es zu einer Belastung der zentralen Stoffwechselorgane Leber und Nieren.

Warum ein Proteinüberschuss ebenso schädlich ist wie ein Proteinmangel

Ist der Anteil an hochwertigen Proteinen im Katzenfutter dauerhaft zu gering, entsteht ein Proteinmangel, der schwerwiegende gesundheitliche Folgen nach sich zieht: Der Stoffwechsel greift auf körpereigene Eiweißstrukturen in der Muskulatur zurück und verstoffwechselt diese. Dadurch kommt es zu einem fortschreitenden Muskelschwund, zu einem Verlust von Gewebe, Körperstruktur und Agilität und unbehandelt zum Tod durch Organversagen. Aber auch eine Überversorgung mit Proteinen kann zu gesundheitlichen Schädigungen führen: So muss beispielsweise eine Katze, die ausschließlich mit sehr magerem Muskelfleisch ernährt wird, Aminosäuren zur Energiegewinnung heranziehen (Glukoneogenese). Dies zieht Schädigungen der Nieren nach sich und führt zu Funktionseinschränkungen, zu Störungen im Wasserhaushalt, zu Einschränkungen der körpereigenen Entgiftungsfunktion und letztlich gegebenenfalls zum Tod.

Proteine bestehen aus 22 verschiedenen Aminosäuren, von denen elf für die Katze essenziell sind und folglich über die Nahrung aufgenommen werden müssen.

Arginin
Wichtig für die Wachstumsphasen und den Harnsäurezyklus
Mangel: neurologische Auffälligkeiten, Verdauungsstörungen, Appetitmangel
Quelle: Muskelfleisch, Innereien

Histidin
Wichtig für das Zellwachstum und die Funktion des zentralen und peripheren Nervensystems
Mangel: Appetitstörungen, Gewichtsverlust, Muskelabbau
Quelle: v. a. Muskelfleisch

Isoleucin
Wichtiger Baustein von Hormonen und Antikörpern, hilft beim Aufbau und Erhalt der Muskulatur
Mangel: Immunschwäche, Haut- und Fellveränderungen, Bindegewebsschwäche
Quelle: Muskelfleisch, Fisch, Eier

Leucin
Wichtig für den Aufbau und Erhalt von Muskulatur, liefert Energie, unterstützt Hautgesundheit und Wundheilung
Mangel: Muskelabbau, Gewichtsverlust, reduziertes Allgemeinbefinden
Quelle: Muskelfleisch, Fisch, Eier

Lysin
Wichtig für die Eiweißsynthese und Hautgesundheit, beteiligt an verschiedenen immunologischen Prozessen
Mangel: reduziertes Allgemeinbefinden, Appetitlosigkeit, Muskelabbau, Gewichtsverlust
Quelle: Muskelfleisch
(Der Lysingehalt im Fertigfutter kann durch Herstellungs- und Erhitzungsprozesse stark reduziert sein.)

Methionin
Unterstützt die Gesundheit von Haut und Fell sowie das Immunsystem; wird therapeutisch eingesetzt zur Ansäuerung des Urins bei wiederkehrenden Blasenentzündungen und Harnkristallleiden
Mangel: reduziertes Allgemeinbefinden, Haut- und Fellveränderungen
Quelle: Fisch, Eier

Phenylalanin

Vorstufe verschiedener Hormone, beeinflusst Gesundheitszustand, Leistungs- und Regenerationsfähigkeit, wirkt sich auf Fellfarbe und Fellqualität aus
Mangel: Infektanfälligkeit, generelle Schwäche, Schilddrüsenprobleme, neurologische Auffälligkeiten
Quelle: v.a. Geflügelfleisch, Fisch

Taurin

Beeinflusst die Funktion des Nervensystems und des Herzmuskels, unterstützt die Sehkraft
Mangel: Schwächung des Immunsystems, Unfruchtbarkeit, Gehörverlust, degenerative Netzhauterkrankungen, Erblindung, Herzerkrankungen
Quelle: v.a. rotes Muskelfleisch, Herz, Taurintropfen oder -pulver, Grünlippmuschelextrakt

Threonin

Wichtig für die Energiegewinnung, Baustein für Muskulatur und Stützgewebe
Mangel: Schwäche, Müdigkeit, Appetitlosigkeit, Gewichtsverlust, Wachstums- und Entwicklungsstörungen, Lebererkrankungen
Quelle: Muskelfleisch, Fisch, Eier

Tryptophan

Wichtig unter anderem für das Nervensystem sowie für die Verstoffwechselung von Nährstoffen
Mangel: Verhaltensauffälligkeiten, Unruhe, Ängstlichkeit, Schilddrüsenerkrankungen
Quelle: Muskelfleisch, Fisch

Valin

Wichtig für Zellstoffwechsel und Muskulatur
Mangel: Muskelkrämpfe, Koordinationsstörungen, geringe Belastbarkeit, Entwicklungsstörungen, Überempfindlichkeit gegenüber Berührungen (Hyperästhesie)
Quelle: Geflügelfleisch, Fisch, Eier

Ihren Bedarf an essenziellen Aminosäuren kann die Katze über den Verzehr überwiegend tierischer Nahrungsmittel vollständig decken.

Geflügelfleisch enthält hochverdauliche Proteine, ist aber in der Regel sehr fettarm.

Fette (Lipide)

Fett ist für unsere Katze die zentrale Energiequelle – daher besitzt unser Stubentiger eine erstaunliche Fähigkeit, auch sehr hohe Fettmengen im Futter zu verdauen und zu verstoffwechseln.

! Die Gefahr, durch eine sehr hohe Fettmenge im Futter bzw. eine zu abrupte Erhöhung des Fettanteils eine Bauchspeicheldrüsenentzündung (Pankreatitis) auszulösen, ist bei der Katze deutlich geringer als beim Hund.

Nur wenn ausreichend Fett in der Nahrung vorhanden ist, kann die Katze auch die fettlöslichen Vitamine A, D, E und K aufnehmen. Im Umkehrschluss kann ein Mangel an fettlöslichen Vitaminen entstehen, wenn die Katze dauerhaft mit zu magerem Fleisch ernährt wird.

Einige Fettsäuren können von der Katze selbst synthetisiert werden (nicht-essenzielle Fettsäuren), andere muss sie zwingend über die Nahrung aufnehmen. Wir bezeichnen sie als essenzielle Fettsäuren, zu denen bei der Katze folgende zählen:

- Arachidonsäure
- Linolsäure, Gamma-Linolensäure (GLA), Dihomogamma-Linolensäure (DGLA)
- Eicosapentaensäure (EPA)
- Docosahexaensäure (DHA)

! Aufgrund ihres sehr hohen Bedarfs an ungesättigten Fettsäuren hat die Katze ebenfalls einen hohen Bedarf an den Antioxidantien Vitamin E, Zink und Selen, welche die Fettsäuren vor der Oxidation (dem „Ranzigwerden") schützen.

Für wild lebende Katzen, die sich naturgemäß von kleinen Beutetieren ernähren, stellt die Versorgung mit essenziellen Fettsäuren keinerlei Schwierigkeit dar. Anders ist das allerdings bei unseren Hauskatzen, die überwiegend mit Fertigfutter oder Fleisch aus konventioneller Tierhaltung ernährt werden: Ihr Bedarf an essenziellen Fettsäuren sollte durch die Zugabe von hochwertigem Fischöl (Lachs- oder Wildlachsöl, alternativ Krillöl) gedeckt werden.
Pflanzliche Öle können von der Katze nicht oder nur unzureichend verstoffwechselt werden. Eine Ausnahme bilden hier nur Nachtkerzen- und Borretschöl, die in der Regel aber nicht in der biologisch artgerechten Rohfütterung eingesetzt werden. Wendet man sie an, dann häufig zur unterstützenden Behandlung von Hauterkrankungen, Fellwechselstörungen und Allergien.

! Häufig wird zur innerlichen Anwendung von Schwarzkümmelöl geraten, um der Katze einen natürlichen Schutz vor Zecken und anderen Hautparasiten zu ermöglichen. Doch lassen Sie bitte die Hände davon! Schwarzkümmelöl hat einen hohen Gehalt an Terpenen und ätherischen Ölen, die von der Katze nicht verstoffwechselt werden können. Schwarzkümmelöl wirkt daher bei der Katze schwer leberschädigend und kann zu ihrem Tod führen!

Kohlenhydrate

Für ihre Energiegewinnung hat die Katze keinen physiologischen Bedarf an Kohlenhydraten – mehr noch: Aufgrund eines Enzymmangels (Glukokinase, Fruktokinase) kann die Katze Kohlenhydrate nicht effektiv verstoffwechseln. In der biologisch artgerechten Rohfütterung verwenden wir daher allenfalls die Menge an Kohlenhydraten, die wir auch im Verdauungstrakt des Beutetieres finden würden; daher beschränkt sich der pflanzliche Anteil beim BARFen auf 3 bis maximal 5 % der Gesamtfuttermenge. Die Pflanzenfasern dienen der Katze weder zur Energie- noch Nährstoffversorgung, sie unterstützen lediglich die Darmmotorik sowie die Darmflora.

Pflanzen werden von Katzen lediglich zur Unterstützung der Darmtätigkeit aufgenommen.

Gesundheitsrisiko Kohlenhydrate

Entgegen der eigentlichen Stoffwechselleistung der Katze belegen Studien (u.a. von Hand/Thatcher/Remillard, 2003), dass Katzen einen Kohlenhydratanteil von bis zu 35 % in der Trockenmasse verdauen können, ohne schwerwiegende Verdauungsstörungen zu entwickeln. Weiterführende Untersuchungen zeigen jedoch, dass der Kohlenhydratanteil im Katzenfutter einen Wert von 9,5 % nicht übersteigen sollte, da andernfalls die Verwertbarkeit (Bioverfügbarkeit) unter anderem von Nahrungsfetten, Proteinen und Mineralstoffen herabsetzt wird.

Doch selbst wenn die Katze zu einer derart unnatürlichen Verdauungsleistung imstande ist, müssen wir uns die Frage stellen, welche Folgen eine so radikale Abkehr von den natürlichen Ernährungsbedürfnissen nach sich zieht.

Erste Symptome finden sich im Verdauungstrakt, wie wiederkehrendes Erbrechen, Phasen besonders mäkeligen Fressverhaltens, gänzliche Appetitlosigkeit, Darmgeräusche, Blähungen, weicher Kot, Durchfall, schleimige oder auch blutige Überzüge auf dem Kot.

Langfristig betrachtet zieht eine kohlenhydratreiche und damit artwidrige Fütterung eine Überlastung der Stoffwechselorgane Leber, Nieren und Bauchspeicheldrüse nach sich. In der Folge kann es zu Reizungen, Entzündungen sowie Gewebsschädigungen und folglich Funktionseinschränkungen kommen.

Mineralstoffe

Mineralstoffe sind anorganische Stoffe, die zwingend über die Nahrung aufgenommen werden müssen, da der Körper sie nicht selbst synthetisieren kann. Sie sind am Aufbau und Erhalt des Körpergewebes beteiligt, steuern zahlreiche Stoffwechselprozesse, aktivieren Enzyme und regulieren den Wasserhaushalt im Körper. Je nachdem, in welcher Konzentration sie im Körper vorkommen, unterteilen wir sie in Mengen- und Spurenelemente:

- **Mengenelemente** sind Kalzium, Phosphor, Magnesium, Kalium, Chlor, Natrium.
- **Spurenelemente** sind u.a. Eisen, Kupfer, Kobalt, Mangan, Zink, Jod, Selen.

Zwischen den einzelnen Mineralstoffen bestehen sehr enge Wechselbeziehungen: Ein Überschuss oder auch ein Mangel einzelner Mineralstoffe kann die Aufnahme weiterer Nährstoffe stark beeinträchtigen. So fördert beispielsweise Vitamin D die Aufnahme von Kalzium aus der Nahrung, während ein Magnesiummangel auch einen Kalziummangel nach sich ziehen kann. Die Interaktion zwischen den einzelnen Mineralstoffen ist in folgender Grafik dargestellt.

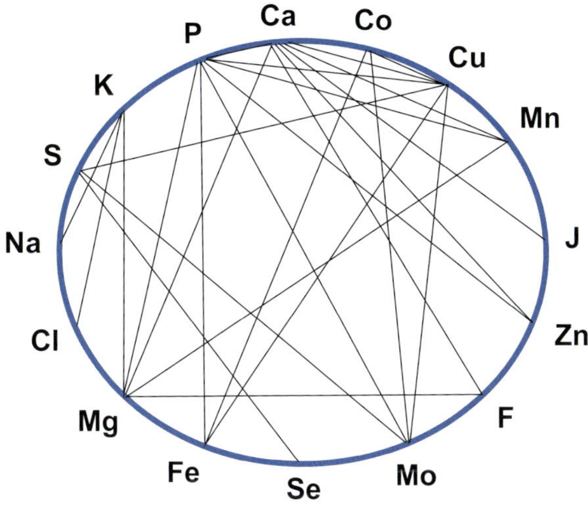

Ca = Kalzium; Co = Kobalt; Cu = Kupfer; Mn = Mangan; J = Jod; Zn = Zink; F = Fluor; Mo = Molybdän; Se = Selen; Fe = Eisen; Mg = Magnesium; Cl = Chlor; Na = Natrium; S = Schwefel; K = Kalium; P = Phosphor

! Weder eine Unter- noch eine Überversorgung mit einzelnen Mineralstoffen ist unbedenklich. Bei einer ausgewogenen, abwechslungsreichen Rohfütterung kommt es in der Regel zu keinerlei Fehlversorgung; diese entsteht vielmehr, wenn das Tier reine Mineralstoffpräparate einnimmt, beispielsweise wenn es zur Behandlung von Hauterkrankungen ein Nahrungsergänzungsmittel mit hochdosiertem Zink oder aber zur Unterstützung der Muskelfunktion dauerhaft Magnesium erhält.

Mengenelemente

Kalzium

Kalzium ist das wichtigste Mineral im Knochenstoffwechsel und hilft dem Körper, sein physiologisches Gleichgewicht (Homöostase) aufrechtzuerhalten. Der überwiegende Anteil des Kalziums ist im Knochen eingelagert.

Mangel: Wachstums- und Entwicklungsstörungen, Schädigungen des Bewegungsapparats und der Zähne

Überschuss: Verdauungs- und Stoffwechselstörungen, Knochenfehlbildungen, Phosphormangel

Natürliche Quelle: Knochen, Eierschalen, Milchprodukte
Die grundsätzliche Bioverfügbarkeit von Kalzium wird unter anderem durch die im Getreide enthaltene Phytinsäure beeinflusst. Ein Futter mit hohem Getreideanteil kann die Kalziumresorption beeinflussen und zu Mangel führen.

Das Kalzium-Phosphor-Verhältnis sollte bei der gesunden Katze 1,1 bis 1,3 : 1 betragen.
Berechnung: Kalziumgehalt : Phosphorgehalt = Kalzium-Phosphor-Verhältnis

Phosphor

Kalzium und Phosphor stehen in einem sehr engen Verhältnis; sie sind beide am Aufbau und Erhalt der Knochen- und Knorpelstrukturen sowie der Zähne beteiligt. Ebenso wie das Kalzium ist Phosphor vorwiegend in den Knochen eingelagert.
Mangel: Erkrankungen des Skelettsystems, Verdauungs- und Appetitstörungen (Pica-Syndrom)
Überschuss: Beeinträchtigung der Kalziumaufnahme, Abbau von Knochensubstanz und Muskulatur
Natürliche Quelle: Muskelfleisch, Innereien, Milchprodukte

Begriffsklärung: Pica-Syndrom

Als Pica-Syndrom bezeichnet man in der Veterinärmedizin eine Verhaltensauffälligkeit, bei der die Katze außergewöhnliche und unverdauliche Dinge wie Textilien, Plastik, Schwämme oder Ähnliches aufnimmt. Dadurch kann es zu Darmreizungen und massiven Verdauungsbeschwerden kommen, auch besteht die Gefahr eines lebensbedrohlichen Darmverschlusses durch Fremdkörper. Die Ursache für die Entstehung des Pica-Syndroms ist nicht abschließend geklärt: Neben Nährstoffmangel können auch psychische Erkrankungen und Deprivationsstörungen (mangelhafte Haltungsbedingungen, unzureichender Sozialkontakt, fehlende Beschäftigungsmöglichkeiten) eine Rolle spielen.

Kalium

Das Elektrolyt regelt gemeinsam mit Natrium den Wasserhaushalt und den Säure-Basen-Haushalt; es aktiviert zudem verschiedene Enzyme und sorgt für die Reizweiterleitung in Muskulatur und Nervengewebe. Bei akuten Infektionen und Erkrankungen der Leber und Nieren ist der Kaliumbedarf erhöht.
Mangel: (Tritt vor allem nach erheblichen Flüssigkeitsverlusten auf) Herz-Rhythmus-Störungen, herabgesetzte Muskelaktivität
Überschuss: Herz-Rhythmus-Störungen
Natürliche Quelle: Muskelfleisch, Milchprodukte

Magnesium

Vor allem für die Funktion des Nervensystems und der Skelettmuskulatur ist Magnesium von Bedeutung, es aktiviert zudem verschiedene Enzyme.
Mangel: reduziertes Allgemeinbefinden, Muskelkrämpfe, Störungen des Herz-Kreislauf-Systems
Überschuss: Verdauungsstörungen, Bildung von Harnkristallen
Natürliche Quelle: Knochen, Milchprodukte

Natrium und Chlorid

Die beiden Elektrolyte sind für die Aufrechterhaltung des Säure-Basen-Haushalts und für den Elektrolythaushalt im Allgemeinen wichtig. Zusammen mit Wasserstoff bilden Natrium und Chlorid die Magensäure. Darüber hinaus sind sie an verschiedenen enzymatischen Reaktionen beteiligt.
Mangel: reduziertes Allgemeinbefinden, Verdauungsstörungen, Fellveränderungen
Überschuss: vermehrter Durst, vermehrter Urinabsatz, Juckreiz
Natürliche Quelle: Blut, Eier, Fisch, Salz, Meeresalgen

Ihren Bedarf an Mengenelementen kann die Katze über die Aufnahme tierischer Futterkomponenten vollständig decken.

Spurenelemente

Chrom

Bei der Verstoffwechselung von Fetten und Kohlenhydraten spielt Chrom eine wichtige Rolle, es ist zudem an der Produktion verschiedener Enzyme beteiligt. Aus der Humanmedizin weiß man, dass Chrom auch die Augengesundheit unterstützt.
Mangel: Störungen im Blutzuckerspiegel, erhöhte Cholesterin- und Triglyzerid-Werte im Blut
Überschuss: Haut- und Atemwegserkrankungen
Natürliche Quelle: Muskelfleisch

Kobalt

Das Spurenelement Kobalt ist ein zentraler Bestandteil des Vitamins B12 und damit an der Blutbildung, dem Zellstoffwechsel und der Funktion des Nervensystems beteiligt.
Mangel: Blutbildungsstörungen, Nervenschädigungen, unspezifische Verdauungsbeschwerden
Überschuss: Hauterkrankungen
Natürliche Quelle: Muskelfleisch, Innereien

Eisen

Eisen ist ein wichtiger Bestandteil der roten Blutkörperchen (Erythrozyten) und beeinflusst damit sowohl den Sauerstofftransport im Blut als auch die Blutbildung an sich. Es unterstützt den Zellstoffwechsel und das Immunsystem und steuert verschiedene enzymatische Prozesse.

Mangel: Ein Eisenmangel ist bei der Katze sehr selten, da Eisen im Knochenmark, in der Leber und in der Milz eingelagert wird. Nach erheblichen Blutverlusten (z. B. nach einer Operation, nach einem Unfall oder bei degenerativen Erkrankungen) kann die Katze jedoch einen Eisenmangel erleiden.
Überschuss: Appetitlosigkeit, Gewichtsverlust, Lebererkrankungen
Natürliche Quelle: Blut, Innereien, Eier, rotes Muskelfleisch

Jod

Jod beeinflusst maßgeblich die Gesundheit der Schilddrüse – damit nimmt Jod direkten Einfluss auf das Wachstum und die Ausbildung des Skelettsystems, auf die Entwicklung des zentralen und peripheren Nervensystems, auf die Fruchtbarkeit sowie auf den Energiestoffwechsel.
Mangel: Störungen in Wachstum und Fruchtbarkeit
Überschuss: Reduzierter Allgemeinzustand, erhöhte Infektanfälligkeit, Appetitverlust, Lethargie
Natürliche Quelle: Fisch, Eier, Meeresalgen

Kupfer

Neben Eisen ist Kupfer ein Hauptbestandteil des roten Blutfarbstoffs Hämoglobin und damit am Sauerstofftransport beteiligt. Es beeinflusst die Pigmentgebung von Haut und Haar.
Mangel: Blutarmut, reduziertes Allgemeinbefinden, Störungen im Fellstoffwechsel und Änderungen in der Fellfarbe, Wachstumsstörungen, Appetitstörungen (Pica-Syndrom)
Überschuss: Entsteht in Folge von Leber- und Gallenerkrankungen
Natürliche Quelle: Muskelfleisch, Knochen, Leber

Mangan

Für die Entwicklung des Skelettsystems und der Nervenstrukturen ist Mangan von großer Bedeutung.
Mangel: Erkrankungen des Bewegungsapparats und der Leber
Überschuss: Bislang keine Folgeerkrankungen bekannt
Natürliche Quelle: Innereien, Muskelfleisch, Fischöl

Molybdän

Dieses Spurenelement spielt vor allem im Zellstoffwechsel eine Rolle und ist zudem an den Stoffwechselprozessen der Leber sowie verschiedenen enzymatischen Prozessen beteiligt.
Mangel: Nervenfunktionsstörungen, Verdauungsbeschwerden, Hauterkrankungen
Überschuss: Nur durch synthetische Nahrungsergänzung möglich – vermehrte Ausscheidung von Kupfer, Gelenkbeschwerden
Natürliche Quelle: Geflügelfleisch, Leber, Eier

Selen

Als Antioxidans schützt Selen zusammen mit Vitamin E den Körper vor Entzündungen und den sogenannten freien Radikalen. Selen steigert die Immunabwehr und unterstützt die Schilddrüsengesundheit.
Mangel: reduziertes Allgemeinbefinden, Muskelschwäche, Atemnot, Ödembildung
Überschuss: Appetitstörungen, Nervosität, unspezifische Verdauungsprobleme, reduzierter Allgemeinzustand, Veränderungen von Haut und Fell
Natürliche Quelle: Muskelfleisch, Fisch, Kokosflocken, Paranusskerne

Zink

Für die Hautgesundheit und die Immunabwehr des Organismus ist Zink von zentraler Bedeutung; es unterstützt zudem die Resorption und Verstoffwechselung von Nährstoffen. Ein Zinkmangel kann vor allem bei Katzen auftreten, die mit sehr kohlenhydratreichem Fertigfutter ernährt werden, da ein hoher Faserstoffanteil im Futter die Resorptionsfähigkeit von Zink verringert.
Mangel: Wachstumsstörungen, Entwicklungsverzögerungen, Veränderungen von Haut und Fell, Wundheilungsstörungen, fortschreitende Abmagerung
Überschuss: (Nur durch synthetische Nahrungsergänzung möglich) führt zu Kalzium- und Kupfermangel
Natürliche Quelle: Leber, Geflügelfleisch, Eigelb. Milchprodukte

Ihren Bedarf an Spurenelementen kann die Katze über die Aufnahme tierischer Futterkomponenten vollständig decken.

Muskelfleisch ist eine wichtige Quelle für Proteine sowie Mengen- und Spurenelemente.

Vitamine

Vitamine sind von zentraler Bedeutung für die Gesundheit und die allgemeine Leistungsfähigkeit des Organismus. Auch hier unterscheiden wir zwischen den essenziellen Vitaminen, die zwingend mit der Nahrung aufgenommen werden müssen, und einigen nicht-essenziellen Vitaminen, die der Körper selbst synthetisieren kann. Darüber hinaus teilen wir die Vitamine in fettlösliche und wasserlösliche Vitamine ein.

- Fettlösliche Vitamine sind Vitamin A, D, E und K
- Wasserlösliche Vitamine sind der B-Komplex und Vitamin C

Die fettlöslichen Vitamine werden über die Nahrung aufgenommen und zusammen mit dem Fett verstoffwechselt, anschließend über die Darmschleimhaut resorbiert und in der Leber gespeichert. Die wasserlöslichen Vitamine hingegen können nur in einem sehr begrenzten Maß vom Körper gespeichert werden. Ihre regelmäßige Zufuhr über die Nahrung muss sichergestellt werden.

Vitamin A (Retinol)

Vitamin A stärkt die Gesundheit und Widerstandskraft von Haut- und Schleimhautstrukturen, schützt die Augengesundheit und verbessert die Sehkraft. Zudem nimmt es Einfluss auf das Immunsystem und reguliert die Antikörperproduktion. Vitamin A spielt eine wichtige Rolle für die Ausbildung des Skelettsystems und die Fruchtbarkeit des Tieres.
Mangel: erhöhte Infektanfälligkeit, Erkrankungen der Haut und Schleimhäute
Überschuss: Störungen des Knochenstoffwechsels, Missbildungen und Wachstumsstörungen, Veränderungen insbesondere der Brustwirbelsäule
Natürliche Quelle: Leber und Lebertran, Fischöl, tierische Fette, Eier, Milchprodukte

Leber ist eine wichtige Vitaminquelle.

Vitamin-B-Komplex

Die neun einzelnen B-Vitamine erfüllen allesamt ähnliche Funktionen im Körper und zeigen eine ähnliche Wirkung:

- **Vitamin B1 (Thiamin)**

Für den Ablauf der Verdauungsvorgänge, die Stimulation der Darmmotorik und die Produktion von Magensaft ist Vitamin B1 wichtig. Es unterstützt die Funktion der Nervenstrukturen und der Muskulatur sowohl des Herzens als auch des Bewegungsapparats.
Mangel: neurologische Erkrankungen, Schwächung von Herz und Muskulatur, Appetitminderung
Natürliche Quelle: Rindfleisch, Leber, Eigelb, Milchprodukte

- **Vitamin B2 (Riboflavin)**

An der Verstoffwechselung von Fetten und Proteinen ist Vitamin B2 beteiligt. Es sorgt für die Gesundheit und Regenerationsfähigkeit der Haut- und Schleimhautstrukturen.
Mangel: Haut- und Fellveränderungen, Augenreizungen, fortschreitende Muskelschwäche
Natürliche Quelle: Innereien, Fisch, Milchprodukte und Bierhefe

- **Vitamin B3 (Niacin)**

Vitamin B3 ist an der Energiegewinnung und der Verstoffwechselung von Nahrungsfetten beteiligt und spielt zudem eine wichtige Rolle bei der Hormonproduktion: Insbesondere beeinflusst Vitamin B3 die Ausschüttung von Insulin zur Regulation des Blutzuckerspiegels. Es fördert die Gesundheit des Herzens sowie das zentrale Nervensystem. Im Gegensatz zum Hund kann die Katze Vitamin B3 nicht aus der essenziellen Aminosäure Tryptophan synthetisieren.
Mangel: Hautveränderungen, reduzierter Appetit, unspezifische Verdauungsstörungen
Natürliche Quelle: Muskelfleisch, Fisch, Milchprodukte, Eier, Bierhefe

- **Vitamin B5 (Pantothensäure)**

Eine ausreichende Versorgung mit Vitamin B5 stellt die Verstoffwechselung von Fetten und Proteinen sicher. Vitamin B5 ist darüber hinaus wichtig für den Zellstoffwechsel und fördert das Wachstum, die Rekonvaleszenz und die Gewebsregeneration. Zudem steuert es immunologische Prozesse im Körper.
Mangel: Fellveränderungen, Verdauungsstörungen, Verschlechterung allergischer Symptome
Natürliche Quelle: Leber, Hering

- **Vitamin B6 (Pyridoxin)**

Da Vitamin B6 an der Aufnahme von Vitamin B12 und der Verstoffwechselung von Proteinen beteiligt ist, ist der Bedarf recht hoch. Vitamin B6 fördert die Blutbildung und beeinflusst das Hormonsystem.
Mangel: Wachstumsstörungen, Appetitmangel, Muskelschwäche, Herzerkrankungen
Natürliche Quelle: Innereien, Fisch, Muskelfleisch, Bierhefe

- **Vitamin B12 (Cobalamin)**

Vitamin B12 kann als einziges wasserlösliches Vitamin vom Körper gespeichert werden. Es ist maßgeblich an der Verstoffwechselung von Fetten und Kohlenhydraten beteiligt, unterstützt die Blutbildung, die Nervenfunktion und die Reizweiterleitung.
Mangel: Blutarmut, reduziertes Allgemeinbefinden, Muskelschwäche, Appetitlosigkeit, neurologische Störungen
Natürliche Quelle: Organfleisch, Fisch, Milchprodukte, Eier, Algen, Bierhefe

- **Folsäure**

Vor allem in Phasen des Wachstums und zur Regeneration seiner Gewebe benötigt der Körper eine ausreichende Menge an Folsäure, die zudem sowohl die Blutbildung als auch den Eiweißstoffwechsel unterstützt.
Mangel: Verdauungsbeschwerden, Appetitmangel, Erkrankungen des Herz-Kreislauf-Systems, reduzierter Allgemeinzustand
Natürliche Quelle: Leber, Muskelfleisch

- **Cholin**

Cholin unterstützt zahlreiche Stoffwechselprozesse im Körper wie etwa die Fettverdauung und die Funktion der Leber.
Mangel: Anämie, Appetitmangel, Verdauungsstörungen
Natürliche Quelle: Innereien, Eigelb

Biotin (Vitamin H)

Das „Schönheitsvitamin" stärkt Haut, Haar und Krallenwachstum, ist am Fettstoffwechsel beteiligt und wichtig für die Synthese nicht-essenzieller Aminosäuren.
Mangel: Appetitverlust, Veränderungen von Haut und Fell
Natürliche Quelle: Leber, Eigelb, Lammfleisch, Milchprodukte, Bierhefe

Vitamin C (Ascorbinsäure)

Ihren Bedarf an Vitamin C kann die Katze selbst aus Glukose synthetisieren. Bei Vitamin C handelt es sich um ein hochwirksames Antioxidans, das den Körper vor Entzündungen schützen kann. Es stärkt zudem das Immunsystem und unterstützt den Knochenstoffwechsel sowie die Bildung von Bindegewebsfasern (Kollagensynthese).
Mangel: Erhöhte Infektanfälligkeit, Störungen des Knochenstoffwechsels

Vitamin D (D2 und D3)

Vitamin D unterstützt den Körper darin, Kalzium aus der Nahrung aufzunehmen, und ist daher für den Knochenstoffwechsel wichtig. Es reguliert Wachstumsprozesse und fördert die Gewebsregeneration sowie die Nervenfunktion. Vitamin D muss in ausreichender Menge über die Nahrung aufgenommen werden. Die lichtabhängige Vitamin D-Synthese unter Einwirkung von Sonnenlicht ist bei der Katze zu vernachlässigen.
Mangel: sekundärer Kalziummangel, unzureichende Mineralisation der Knochen
Überschuss: (Nur durch synthetische Nahrungsergänzungsmittel möglich) erhöhte Kalziumresorption aus der Nahrung, Ablagerung von Mineralstoffen in den Organen, Herzrhythmusstörungen
Natürliche Quelle: fetter Seefisch, Eigelb, Leber, Lebertran, Milchprodukte

Vitamin E (Tocopherol)

Für den Zellstoffwechsel und die Fettverdauung spielt Vitamin E als hochwirksames Antioxidans eine Rolle. Es ist aber auch an der Produktion von Prostaglandinen beteiligt – Gewebshormonen, die die Muskelleistung, die Fruchtbarkeit und das Schmerzempfinden steuern. Darüber hinaus ist Vitamin E für die Gesundheit, Regenerationsfähigkeit und Widerstandskraft der Haut verantwortlich.
Mangel: Muskelschwäche, Gewichtsverlust, erhöhte Infektneigung, Blutbildungsstörungen
Überschuss: Muskelschwäche, Verdauungsstörungen
Natürliche Quelle: Fisch, Eier

Vitamin K (Chinone)

Vitamin K ist wichtig für die Blutgerinnung und spielt eine bedeutende Rolle im Knochenstoffwechsel. Außerdem unterstützt es das Immunsystem, stärkt die Darmflora und reguliert darüber hinaus die Resorption von Nährstoffen. Vitamin K verbessert zudem die Leistung der zentralen Stoffwechselorgane.
Mangel: erhöhte Blutungsneigung, schlechte Wundheilung
Überschuss: keine negativen Konsequenzen bekannt
Natürliche Quelle: Leber, Eigelb, Fisch

Ihren Bedarf an Vitaminen kann die Katze über die Aufnahme tierischer Futterkomponenten vollständig decken.

Biologisch artgerechte Rohfütterung – die Praxis

Die biologisch artgerechte Rohfütterung ist imstande, den natürlichen, noch sehr ursprünglichen Ernährungsbedürfnissen unseres domestizierten Beutegreifers tatsächlich gerecht zu werden.
Der Name der Fütterungspraxis verrät es uns: Beim BARFen kommen ausschließlich rohe Futterkomponenten zum Einsatz. Somit liefert dieses Ernährungskonzept ein hohes Maß an Nährstoffen. Wie schon erwähnt, reduziert jeder Verarbeitungs- und Erhitzungsprozess die Bioverfügbarkeit bestimmter Nährstoffe. Daher können die Qualität und die Rezeptur eine Feuchtfutters noch so gut und artgerecht sein – es wird hinsichtlich seiner Verwertbarkeit stets hinter einer ausgewogenen BARF-Mahlzeit zurückbleiben.

! Die Verwertbarkeit eines Futters zeigt sich zum einen an der Futtermenge, die das Tier täglich benötigt, und zum anderen an der Menge seiner Ausscheidungen. Die meisten Katzenbesitzer berichten, dass das Tier nach der Umstellung aufs BARFen weniger Futter benötigt und dennoch satter und zufriedener erscheint. Zudem setzen die geBARFten Katzen weitaus weniger Kot ab, der im Vergleich zur Ernährung mit Fertigfutter sehr geruchsarm ist.

Die Rohfütterung ist ideal für einen Beutegreifer wie unsere Katze – der seinem Namen alle Ehre macht, wie man sieht!

Mit der biologisch artgerechten Rohfütterung bekommen wir Tierhalter die Möglichkeit, die Nahrung für unsere Stubentiger in jeder Lebenslage maßzuschneidern – und sogar Rücksicht zu nehmen auf persönliche Vorlieben und gesundheitliche Einschränkungen.

Ist BARFen per se ein gesundheitliches Risiko für Mensch und Tier?

BARF-Gegner argumentieren, dass von der biologisch artgerechten Rohfütterung ein nicht zu unterschätzendes Infektionsrisiko ausgehe. Nur wenn eine gegarte oder industriell hergestellte und damit kontrollierte Nahrung verfüttert werde, könne man sich und sein Haustier vor dem Kontakt mit Parasiten und Krankheitskeimen schützen.
Tatsächlich sollte ein Erhitzungsvorgang von bis zu 220 °C, wie er bei der Herstellung von Dosennahrung üblich ist, eine mögliche Keimlast unschädlich machen; rufen wir uns aber die Futtermittelskandale der letzten Monate und Jahre ins Gedächtnis, wird deutlich, dass auch von der ultrahocherhitzten Convenience-Nahrung ein veritables Gesundheitsrisiko ausgeht. So wurden in zahlreichen – auch hochpreisigen – Fertigfuttermitteln Verunreinigungen unter anderem mit Salmonellen gefunden. Die Keimlast in rohem Fleisch mag auf den ersten Blick höher erscheinen als in der Fertignahrung und sicherlich erfordert der Umgang mit rohen Nahrungsmitteln eine besondere Hand- und Küchenhygiene. Das Risiko, sich beim BARFen mit Parasiten oder anderen Krankheitserregern zu infizieren, ist jedoch nicht höher als bei anderen Fütterungsvarianten.

Argumente pro BARF

Von einer Umstellung auf die biologisch artgerechte Rohfütterung profitiert der gesamte Organismus der Katze. Die gesundheitlichen Vorteile dieses Ernährungskonzeptes beginnen bereits im Maulraum: Indem die Katze sich intensiv mit der Textur von Muskelfleisch, Innereien und Knochen auseinandersetzen muss, pflegt, stärkt und schützt sie ihre Zähne und ihr Zahnfleisch sowie ihre Kiefermuskulatur. Die Produktion von Speichel und Magensaft wird angeregt, sodass die aufgenommene Nahrung bereits desinfiziert werden kann, bevor sie in den Darmstrukturen weiterverarbeitet wird.

Indem wir die Katze so füttern, wie es die Natur für sie vorgesehen hatte, entlasten wir insbesondere die zentralen Stoffwechselorgane Leber, Nieren und Bauchspeicheldrüse. Diese Organstrukturen müssen sich künftig nicht mehr mit hochverarbeitetem, nährstoffarmen Futter auseinandersetzen, keine minderwertigen Eiweißstrukturen und pflanzliche Füllstoffe mehr verstoffwechseln und werden nicht weiter durch künstliche Zusatzstoffe belastet. Vielmehr regulieren sich die Stoffwechselprozesse nach und nach und verbessern so das Wohlbefinden und die Gesamtgesundheit unserer Katze.

Insbesondere die Nieren und die ableitenden Harnwege profitierten von der Futterumstellung: Wie wir erfahren haben, vollbringen die Nieren der Katze eine herausragende Filtrationsleistung – sie werden stark in Mitleidenschaft gezogen, wenn die Katze ihren Flüssigkeitsbedarf nicht auf physiologischem Wege über die Nahrung decken kann, sondern aktiv zusätzliches Wasser aufnehmen muss. Durch die Rohfütterung versorgen wir die Katze mit ausreichend Flüssigkeit, sodass die Nierenfunktion entlastet wird. Inzwischen weiß man, dass eine entsprechende Futterumstellung der Bildung von Blasenentzündungen und Harnkristallleiden wirksam vorbeugen kann.

Vor allem aber profitiert der Verdauungstrakt unserer Katze von der Futterumstellung: Anstatt sich mit denaturierten, schwerverdaulichen und zum Teil erschreckend minderwertigen Fertigfuttermitteln auseinandersetzen zu müssen, regulieren sich die Verdauungsprozesse dank der artgerechten Rohfütterung. Die Prozesse der Nährstoffaufspaltung und -resorption können so in einem physiologischen Maß ablaufen, die aufgenommenen Nährstoffe werden entsprechend

Aufgrund der Rohfütterung kommt es selten zu Übergewicht oder Problemen mit dem Bewegungsapparat.

vom Körper zum Erhalt und zur Regeneration seiner Gewebsstrukturen umgesetzt. Die Darmflora bildet sich stabil aus und kann oral aufgenommenen Parasiten und Krankheitskeimen Paroli bieten. Langfristig betrachtet neigen gebarfte Katzen weitaus seltener zu Übergewicht als ihre mit Fertigfutter ernährten Artgenossen. Dies wiederum beugt der Entstehung von Herz-Kreislauf-Erkrankungen, Beschwerden im Bewegungsapparat und sogar der Bildung von Harnkristallen vor.

In jeder Lebensphase profitiert die Katze von einer gesunden, leistungsstarken Muskulatur. Im Wachstum bilden sich dank der hochwertigen und vor allem hoch bioverfügbaren Nährstoffe die Knorpelstrukturen ebenso wie das Stützgewebe stabil aus. Die biologisch artgerechte Rohfütterung ist also die beste Grundlage für die Entwicklung eines gesunden und uneingeschränkt agilen Bewegungsapparats. Sogar ausgewachsene und ältere Haus- und Wohnungskatzen, die bereits unter degenerativen Beschwerden der Muskulatur und des Skelettsystems leiden, zeigen nach der Umstellung auf die Rohfütterung eine bessere Beweglichkeit und Bewegungsfreude sowie eine höhere Leistungsbereitschaft. Gezielt mit Nahrungsergänzungsmitteln angereichert, können wir das Futter so zum Fundament der ganzheitlichen Katzengesundheit machen.

Schon kurze Zeit nach der Umstellung von industrieller Fertignahrung hin zur biologisch artgerechten Rohfütterung berichten Tierhalter von weiteren positiven Effekten: Der Gesundheitszustand ihrer Katze verbessert sich zusehends, die Infektanfälligkeit sinkt, die Katze wirkt satter, ausgeglichener, zufriedener und zugleich agiler. Wir können beobachten, dass das Fell glatter und glänzender wirkt, dass sich keine talgigen Absonderungen mehr auf der Haut und in den Ohren bilden, dass die Katze weniger Augenausflüsse zeigt und dass mitunter sogar ein übertriebenes Putzverhalten, verursacht durch Nahrungsmittelallergien, abklingen kann. Eine Nahrungsumstellung ist auch Mittel der Wahl bei Leckalopezien im Unterbauchbereich (ein durch übertriebene Fellpflege hervorgerufener Haarverlust) und der weit verbreiteten Kinnakne, einer Ansammlung schwarzer Krümelchen unterhalb des Mauls.

BARF darf zurecht als beste Investition in die nachhaltige und vor allem ganzheitliche Katzengesundheit betrachtet werden.

Und auch im Krankheitsfall kann eine Umstellung auf BARF hilfreich und therapeutisch sogar sinnvoll und angeraten sein: Wir wissen inzwischen, dass viele Erkrankungen bei unseren Haus- und Wohnungskatzen auf anhaltende Fütterungsfehler zurückzuführen sind – und folglich allein dadurch abklingen können, dass wir von einer industriellen Fertigfütterung zu einem naturbelassenen Ernährungskonzept wechseln. Im Krankheitsfall sollte dieser Prozess jedoch durch einen versierten Tierarzt oder einen Tierheilpraktiker mit Schwerpunkt Ernährung begleitet werden, der die Futterumstellung mit den entsprechenden diagnostischen und bei Bedarf auch behandelnden Maßnahmen unterstützen kann.

Allergie oder Unverträglichkeit – wo ist da der Unterschied?

Bei einer **Futtermittelallergie** handelt es sich um eine Überreaktion des Immunsystems auf bestimmte Stoffe im Futter. Das können einzelne Proteinquellen sein, sonstige Bestandteile der Rezepturen wie Getreide oder Öle, aber auch sämtliche Zusatzstoffe wie künstliche Vitamine, Bindemittel, Konservierungsstoffe, Geschmacksverstärker und vieles mehr. Im Rahmen hochkomplexer Immunprozesse produziert der Körper beim Kontakt mit einer Fremdsubstanz zunächst Immunglobulin E. Bei einem neuerlichen Kontakt mit dem Antigen schüttet der Körper daraufhin Botenstoffe wie Histamin aus, die die Entzündungsprozesse in Gang setzen. Daraufhin entwickeln sich Symptome wie Hautrötungen, Pustelbildungen und Juckreiz.
Bedauerlicherweise liegen zu wenig repräsentative Studien über die häufigsten Allergieauslöser bei der Katze vor. Die Praxiserfahrung zeigt aber, dass die meisten allergischen Katzenpatienten auf die Beigabe von Getreide im Futter reagieren. Bei besonders sensiblen Tieren können auch die Proteinquellen Rind, Lamm, Pute und Huhn Reaktionen auslösen.
Tatsächlich spielt auch die Fütterungsform eine große Rolle: So zeigen Katzen, die überwiegend oder ausschließlich mit Trockenfutter ernährt werden, eine höhere Allergieneigung als Katzen, die vor allem Nassfutter bekommen. Selbstverständlich ist auch die Rezeptur eines Futters von Bedeutung: Je minderwertiger des Futter, desto höher auch das Allergierisiko. Gerade bei Tieren mit sehr therapieresistenten Hauterkrankungen und Juckreiz sowie einem übertriebenen Putzverhalten ist daher die Umstellung von Convenience-Food hin zu einer artgerechteren Fütterungsart der erste Schritt in Richtung Katzengesundheit.
Bei einer **Futtermittelunverträglichkeit** reagiert der Verdauungstrakt auf Substanzen, die er schlichtweg nicht verdauen kann – durch Symptome wie Erbrechen oder auch Durchfall versucht der Organismus, sich der schädigenden Substanz auf dem schnellstmöglichen Wege zu entledigen. Eine der sowohl beim Menschen als auch bei der Hauskatze am weitesten verbreiteten Nahrungsmittelunverträglichkeiten ist die Laktoseintoleranz: Der ausgewachsene Organismus produziert schlichtweg nicht mehr ausreichend Enzyme, um den Milchzucker (Laktose) aufzuspalten. Wird das Tier trotz seiner Nahrungsmittelunverträglichkeit mit problematischen Substanzen gefüttert, kann es zu Schleimhautschädigungen im Verdauungstrakt kommen: In der Folge entwickeln sich oft Magenschleimhautentzündungen und chronische Darmentzündungen (IBD = inflammatory bowel disease), die wiederum die Bildung eines „leaky gut-Syndroms" begünstigen. Dadurch wird die Allergieneigung nochmals erhöht. Klassische Symptome einer Futtermittelunverträglichkeit sind zeitnahes Erbrechen nach der Futteraufnahme, Darmgeräusche und ein harter Blähbauch sowie anhaltender Durchfall, der in einem fortgeschrittenen Stadium auch schleimig und blutig sein kann.

Die Rohfütterung hat zahlreiche gesundheitliche Vorteile.

Zusätzlich zu den zahlreichen gesundheitlichen Vorteilen überzeugt die biologisch artgerechte Rohfütterung durch ihr Preis-Leistungs-Verhältnis und die ressourcenschonende Alltagsorganisation: Im Vergleich zur handelsüblichen Dosennahrung spart man beim BARFen erheblich an Verpackungsmüll – und letztlich auch an Beschaffungskosten. Im Vergleich zu einem sehr hochwertigen Nassfutter ist BARF allein dadurch schon günstiger, dass die Katze weniger Futtermenge benötigt, um ihren Energie- und Nährstoffbedarf zu decken.

Argumente contra BARF

Bei all den Vorteilen, die die biologisch artgerechte Rohfütterung für unsere Stubentiger verspricht, sollten wir uns aber auch mit den Nachteilen auseinandersetzen, wenngleich diese meines Erachtens weniger im gesundheitlichen Kontext stehen als viel mehr im Handling, der Organisation und dem Fütterungsmanagement.

Die Rohfütterung stellt an uns Katzenhalter hohe Ansprüche: Ein Tier BARFen zu wollen bedeutet für uns, selbst Verantwortung zu übernehmen, uns genauer mit der Materie auseinanderzusetzen und uns eigenmächtig zu informieren. Wir können nicht „einfach so drauf los“ BARFen, wenn wir keine Fehlversorgungen unseres Tieres riskieren wollen. Zunächst müssen wir die Regeln und Prinzipien verinnerlichen und anwenden, um durch die Rohfütterung den tatsächlichen Energie- und Nährstoffbedarf unserer Katze decken zu können. Die Qualität unseres selbstgemachten Katzenfutters hängt stets von unserem Wissen, unserem Verantwortungsbewusstsein, unserem Engagement und letztlich auch von einer zielgerichteten Umsetzung ab. Eine unausgewogene, zu einseitige Fütterung wird auch beim BARFen gesundheitliche Konsequenzen nach sich ziehen.

! Erfahrungsgemäß gestaltet sich eine eigenständige Recherche in verschiedenen Ratgebern und Internetforen dabei als ebenso zeitaufwendig wie diffizil und verwirrend, zumal da die Angaben oft erheblich voneinander abweichen.

Natürlich ist BARFen mit einem höheren Zeitaufwand und einer höheren organisatorischen Leistung verbunden als die konventionelle Fertigfütterung. Jedoch können wir uns bereits beim Einkaufen unsere Arbeit erleichtern. Wir sollten zunächst eine Bezugsquelle ausfindig machen, bei der wir sämtliche Grundfutterkomponenten (Muskelfleisch, Innereien, Knochen), aber auch unsere Nahrungsergänzungsmittel (Lachsöl, Taurin, Seealgenmehl) bestellen können.

Bezugsquellen

- Supermarkt/Biomarkt
- Metzger
- Schlachthof
- Hofladen
- BARF-Shop vor Ort und online
- Zoofachhandel mit BARF-Produkten

Die Umstellung auf biologisch artgerechte Rohfütterung kann zu Beginn mit einem erhöhten Organisationsaufwand einhergehen. Zwar sind die meisten Küchen mit einer Gefriermöglichkeit ausgestattet, ist die Möglichkeit zur Vorratshaltung jedoch begrenzt oder leben mehrere Katzen im Haushalt, die eine entsprechend hohe Futtermenge einfordern, muss unter Umständen eine weitere Gefriermöglichkeit angeschafft werden. Dies kann eine kleine zusätzliche Tiefkühltruhe sein oder ein Gefrierwürfel.

! BARFen ist auch ohne Tiefkühltruhe möglich. Allerdings müssen die Grundfutterkomponenten dann mehrmals pro Woche frisch gekauft und verarbeitet werden, ohne dass die Kühlkette unterbrochen wird. Wer frisch BARFen möchte, muss sein Futter sehr zeitnah verarbeiten und verfüttern, weil insbesondere die Innereien schnell verderben. Bei Einzelkatzen ist diese Fütterungsmethode weniger zu empfehlen, da die Futtermengen sehr gering sind; in Mehrkatzenhaushalten stellt diese Zubereitungsart jedoch kein Problem dar.

Oft muss man bei der Umstellung aufs BARFen das gesamte bisherige Fütterungsmanagement überarbeiten: Während in vielen Katzenhaushalten das Trockenfutter noch immer zur freien Verfügung steht, kann das beim BARFen nicht umgesetzt werden. Insbesondere in den Sommermonaten oder bei Betrieb einer Fußbodenheizung sollte die Katze an feste Fütterungszeiten gewöhnt werden. Unter Umständen kann die Beschaffung eines Futterautomaten sinnvoll sein.

Futterautomat

Futterautomaten gibt es in verschiedenen Ausführungen und Preiskategorien. Die meisten können auf verschiedene Tageszeiten programmiert werden. Viele Futterautomaten sind mit einem Kühlpad ausgestattet, sodass das Futter länger frisch bleibt. Besonders beliebt bei den Katzenhaltern sind Futterautomaten, die sich mithilfe eines Bewegungssensors öffnen. Nähert sich die Katze ihrem Futterplatz, hebt sich der Deckel und schließt sich wieder, sobald das Tier fertig gefressen hat. Dies sorgt nicht nur dafür, dass das Futter lange frisch und appetitlich bleibt, sondern hält auch Fliegen fern. Futterautomaten dieser Art können auch auf den Mikrochip (Kennzeichnungschip) der Katze programmiert werden. Der Futternapf öffnet sich also nur für die Katze, für die diese Mahlzeit auch gedacht ist. Besonders sinnvoll ist die Verwendung eines solchen Futterautomaten in Mehrkatzenhaushalten, bei denen die Tiere unterschiedliche Futtermengen bekommen sollen oder eine spezielle Diät einhalten müssen, etwa weil sie an einer Nahrungsmittelallergie leiden oder anderweitig erkrankt sind.

Ausstattung der BARF-Küche

Folgendes Zubehör sollte für das BARFen zur Verfügung stehen:

- Schneidebretter
- scharfe Messer, ggf. Geflügelschere
- evtl. Fleischwolf
- Küchenwaage zum Abwiegen der Futterkomponenten
- Feinwaage zum Abwiegen der Supplemente
- Messerbecher, ggf. Barmaß zum Abmessen geringer Flüssigkeitsmengen
- Kochlöffel und Schöpfkellen aus Kunststoff
- große Schüssel zum Anmischen des Komplettfutters
- Gefrierdosen, -beutel oder leere Einmachgläser zum Portionieren und Einfrieren der einzelnen Mahlzeiten

Eine Feinwaage und ein scharfes Messer sind unerlässlich für eine BARF-Küche.

Wer für die Zubereitung seines BARF-Komplettmenüs nicht unnötig lange in der Küche stehen möchte, sollte bereits beim Einkaufen vorausschauend sein: Inzwischen führen die meisten BARF-Shops sowohl vor Ort als auch online ein umfangreiches Sortiment, sodass man bei Muskelfleisch, Innereien und Knochen zwischen unterschiedlichsten Verarbeitungsformen wählen kann:

- am Stück
- stückig geschnitten
- grob gewolft
- fein gewolft
- gemust

! Viele Onlineshops bieten inzwischen Verpackungseinheiten an, in denen die tierischen Komponenten lose tiefgefroren sind. Dies ermöglicht es dem Tierhalter, die exakten Mengen an Muskelfleisch, Innereien und auch Knochen zu entnehmen und rasch weiterzuverarbeiten. So kann er den langwierigen Prozess des Auftauens, Vermengens und Wieder-Einfrierens geschickt umgehen und vermeidet Nährstoffverluste.

BARF – das natürliche Beuteschema der Katze nachgebaut

In freier Wildbahn ernährt sich der obligate Karnivore Katze ausschließlich von kleinen Beutetieren, darunter vor allem von Säugetieren wie Ratten, Mäuse und Hasen, aber auch von Vögeln, Fischen und zum Teil auch Insekten. Beobachtungen haben gezeigt, dass wild lebende Katzen durchaus bis zu 20 kleinere Einzelmahlzeiten pro Tag zu sich nehmen. Entsprechend sollte auch unser Stubentiger mehrmals täglich gefüttert werden.

> **!** Das Konzept, die Hauskatze nur zweimal täglich mit frischer Nassnahrung zu füttern und ihr außerhalb der Fütterungszeiten Trockenfutter ad libidum („zur freien Verfügung“) anzubieten, ist längst veraltet und wird den besonderen Nahrungsansprüchen der Katze nicht gerecht. Aufgrund seiner artwidrigen Rezeptur und seiner intensiven Verarbeitung sollte Trockenfutter allenfalls als Leckerli einen Platz in der Katzenernährung bekommen.

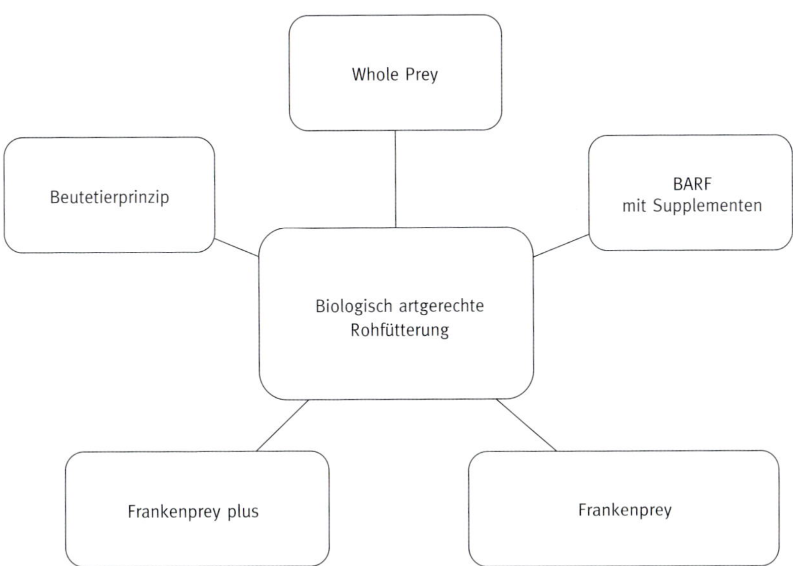

Die BARF-Prinzipien unterscheiden sich zum Teil erheblich voneinander. Sie werden im Folgenden vorgestellt.

Doch nicht nur die Anzahl der Mahlzeiten sollte den physiologischen Bedürfnissen unserer Katze gerecht werden, sondern natürlich insbesondere die Fütterung an sich. Die Physiologie unserer Hauskatze und damit sowohl ihre Verdauungs- als auch ihre Stoffwechselleistung entsprechen der ihrer wild lebenden Artgenossen – folglich kann eine Ernährungsform nur dann wirklich gesund und artgerecht sein, wenn sie das natürliche Beutetierspektrum berücksichtigt.
Die in der Grafik dargestellten unterschiedlichen BARF-Konzepte haben sich die Ernährungsbedürfnisse unserer Hauskatzen im wörtlichen Sinne einverleibt: Aus den handelsüblichen Grundfutterkomponenten Muskelfleisch, Innereien und Knochen baut man in der biologisch artgerechten Rohfütterung ein künstliches Beutetier nach. Insbesondere die Konzepte **Frankenprey** und **Frankenprey plus** sowie das **Beutetierprinzip** orientieren sich dabei in ihrer prozentualen Aufteilung an der Anatomie der Maus. Im Folgenden werden die Grundprinzipien der biologischen Rohfütterung vorgestellt.

Whole Prey

Eigentlich müsste BARFen doch ganz einfach sein: Wenn sich die Katze in der freien Wildbahn doch überwiegend von Vögeln und Kleinsäugern ernährt, genügt es da nicht, unserem domestizierten Stubentiger einfach aufgetaute Mäuse und Eintagsküken vorzusetzen und abzuwarten, wie viel Raubtier noch in ihm steckt? Genau dieser Gedanke liegt dem Prinzip Whole Prey zugrunde: Anstatt aufwendig den Energie- und Nährstoffbedarf zu berechnen, wird hierbei die Katze mit ganzen Beutetieren gefüttert, beispielsweise mit Eintagsküken, kleinen Wachteln, aber auch Ratten und Mäusen.

! Aus tierschutzrechtlichen Gründen ist es untersagt, lebendige Beutetiere zu verfüttern.

Die Futtertiere stammen aus speziellen Zuchten und können tiefgekühlt in den diversen BARF- und Frostfleischshops erworben werden. Möchten wir unserer Katze solche Beutetiere verfüttern, müssen wir unbedingt darauf achten, dass es sich um komplette Futtertiere handelt; nur wenn die Tiere nicht ausgenommen und nicht ausgeblutet sind, liefern sie der Katze auch das benötigte Nährstoffspektrum.

! Die Verfütterung von schlachtfrischen, ausgenommenen Wachteln oder Kaninchen aus dem Supermarkt oder auch Suppenhühnern ist nicht bedarfsdeckend und somit nicht dem Whole Prey-Konzept zuzurechnen.

Beim Whole Prey-Prinzip wird der Energie- und Nährstoffbedarf der Katze dadurch gedeckt, dass sie eine Vielzahl unterschiedlicher Beutetiere zu fressen bekommt. Auch bei diesem Fütterungskonzept wird eine sehr einseitige Ernährung, etwa wenn die Katze ausschließlich Eintags- oder Stubenküken erhält, Fehlversorgungen und entsprechende gesundheitliche Konsequenzen nach sich ziehen.

In der Regel verzichtet man beim Whole Prey auf die Zugabe von Nahrungsergänzungsmitteln; in vielen Futterplänen kommt dennoch hochwertiges Lachsöl zur Verbesserung des Fettsäurenverhältnisses zum Einsatz.
So natürlich diese Fütterung auch erscheinen mag: Die Futtertiere, die wir für unsere Katzen auftauen, unterscheiden sich hinsichtlich ihres Nährwerts sehr deutlich von den Beutetieren, die die Katze in freier Wildbahn fängt. Es ist nachgewiesen, dass beispielsweise der Tauringehalt einer wild lebenden Maus weitaus höher ist als der Tauringehalt einer Maus, die unter Laborbedingungen heranwächst.

Auch wenn hier keine Maus angeboten wird – spannend ist es trotzdem, sich sein Futter zu erarbeiten.

BARF mit Supplementen

Gewissermaßen der Gegenentwurf zum Whole Prey-Konzept ist das BARF mit Supplementen. Als Supplement bezeichnet man in der Ernährungswissenschaft ein Nahrungsergänzungsmittel, das sowohl natürlichen als auch synthetischen Ursprungs sein kann. So ist das Supplement-BARF zu verstehen: Der Nährstoffbedarf der Katze soll in erster Linie durch die konsequente Anwendung von Nahrungsergänzungsmitteln gedeckt werden.
Dies geht mit einer Vielzahl an Rechenschritten einher: Es wird zunächst der Energie- und Nährstoffbedarf der Katze auf Basis der Formeln und Angaben des National Research Council (NRC) ermittelt (siehe Kasten). Anschließend berechnet man, welche Nährstoffe bereits in den Grundfutterkomponenten enthalten sind. Die Differenz zwischen den Bedarfswerten und dem tatsächlichen Nährstoffgehalt wird durch den gezielten Einsatz von Nahrungsergänzungsmitteln ausgeglichen.

Woher stammen die Bedarfswerte in der Katzenernährung? Und inwiefern sind sie auf unsere gebarften Katzen übertragbar?

Die wichtigsten Instanzen bei der Ermittlung von Nährstoffwerten sind die **Association of American Feed Control Officials (AAFCO)**, die die Standardwerte in Fertigfuttermitteln für Hund und Katze festsetzt, der **National Research Council (NRC)**, der verschiedene wissenschaftliche Studien heranzieht, um die Bedarfswerte für die verschiedenen Tierspezies zu ermitteln, sowie **The European Pet Food Industry (FEDIAF)**, eine Vereinigung der einflussreichsten Tierfutterhersteller in Europa. Verschiedene Universitäten rund um den Globus haben namhafte Studien zum Bedarf der Katze veröffentlicht, unter ihnen Prof. Dr. Wanner von der Universität Zürich und Prof. Strombeck von der University of California.
Vergleichen wir die hierbei ermittelten Werte, so ergeben sich große Diskrepanzen und auch Spannen, in denen Nährstoffe als bedarfsdeckend gelten. Sehen wir uns dies beispielsweise anhand des Spurenelements Zink an: Sein Bedarf wird zwischen 0,8 und 2 mg pro kg Körpergewicht angegeben – ein sehr deutlicher Unterschied!

Wo genau liegt nun der tatsächliche Bedarf an bestimmten Vitaminen und Nährstoffen, zu welchem Maß darf dieser Bereich unter- oder auch überschritten werden, ohne dass gesundheitliche Konsequenzen auftreten? Welche Abweichungen dürfen toleriert werden? Und wann gilt ein Futtermittel als potenziell gesundheitsschädigend?
Bedauerlicherweise stoßen wir immer wieder auf schlagkräftige Vorurteile gegenüber der biologisch artgerechten Rohfütterung – so werden ihr zum Teil gravierende Abweichungen von den errechneten Bedarfswerten angekreidet. Den

Tieren mangle es an lebenswichtigen Vitaminen und Mineralstoffen, während der Organismus mit viel zu hohen Fett- und Eiweißmengen überfrachtet werde. Bevor wir in diese Diskussion einsteigen, sollten wir uns zunächst vor Augen halten, auf welche Weise die NRC-Werte ermittelt wurden: Die Untersuchungen des NRC basieren auf den Auswertungen von Einzeltieren in Laboranordnungen und einer entsprechend künstlichen Lebenssituation. Die Tiere bekamen Futterkomponenten vorgesetzt, die wir in der ganzheitlichen Ernährungspraxis als artwidrig einstufen würden. Anhand dieser qualitativ äußerst fragwürdigen Fütterung wurde nun ermittelt, welche Vitamine und welche Mineralstoffe in welchem Maß zugefüttert werden müssen.

An dieser Stelle müssen wir uns eine berechtigte Frage stellen: Was nützt uns eine intensive Supplementierung und die bloß rechnerische Bedarfsdeckung, wenn allein schon die Basis der Ernährung als gesundheitsschädigend einzustufen ist?
Inzwischen weiß man, dass naturbelassene Futterkomponenten weitaus mehr Energie liefern als ihre verarbeitete Variante; auch sind die Nährstoffe, die die rohen Nahrungsbestandteile enthalten, nachgewiesen höherwertig und damit höher bioverfügbar, also für den Körper besser umsetzbar. Der Nährwertgehalt einer hochprozessierten Fertignahrung darf folglich nicht mit dem einer naturbelassenen Rohfütterung gleichgesetzt werden. Entsprechend unterschiedlich sind die Ansprüche an eine ausreichende Nahrungsergänzung.

Wir haben uns bereits mit den intensiven Wechselbeziehungen der einzelnen Vitamine und Mineralstoffe auseinandergesetzt – sehen wir uns das nun an einem konkreten Beispiel an: Für gewöhnlich kann die Katze ihren Zinkbedarf in einem ausreichenden Maß durch die Aufnahme von Muskelfleisch und Innereien decken. Ein BARF-Prinzip, das sich am natürlichen Beuteschema der Katze orientiert, wird bei ihr folglich nicht zu einem Zinkmangel führen. Jedoch kann es bei anhaltenden Verdauungsstörungen zu einem Zinkmangel kommen, der unter anderem in einer Schwächung des Immunsystems sowie in Veränderungen von Haut und Fell sichtbar wird.
Dennoch wird auch ein ausgewogenes BARF-Prinzip den vom NRC ermittelten Zinkbedarf der Katze nicht decken können – ein Phänomen, das auch unter den zertifizierten Ernährungsberatern für heiße Diskussionen sorgt. Tatsächlich wurde dieser vermeintliche Zinkbedarf anhand von Laboruntersuchungen ermittelt, die auf stark getreidehaltigen Fertigfuttermitteln basierten. Jedoch hemmt die im Getreide enthaltene Phytinsäure die Resorptionsfähigkeit von Zink aus der Nahrung; somit muss deutlich mehr Zink zugegeben werden, um den Bedarf der Katze decken zu können. Auf eine natürliche, artgerechte und folglich getreidefreie Ernährung wie die biologisch artgerechte Rohfütterung ist dieser Wert also nicht anwendbar.

Bei den zum Teil sehr komplexen Rechenschritten des Supplement-BARF können Online-Rechner sowie ebenfalls online abrufbare Nährstoffdatenbanken wie beispielsweise www.naehrwertrechner.de hilfreich sein. Zum Einstieg ins Supplement-BARF stehen dem Katzenhalter jedoch auch Pauschalrezepturen zur Verfügung, so zum Beispiel:

Pauschal-Rezept Supplement-BARF

Grundrezeptur	Basis-Aufteilung (1000 g)	Basis-Aufteilung + Herz (1000 g)
87 % Muskelfleisch mit 10 % Fettanteil, davon bis zu 20 % Herz	870 g Muskelfleisch mit 10 % Fett, davon bis zu 20 % Herz	700 g Muskelfleisch mit 10 % Fett, 170 g Herz
10 % Lachs	100 g Lachs	100 g Lachs
3 % Leber	30 g Leber	30 g Leber

Um den Nährstoffbedarf der Katze decken zu können, kommen verschiedene Nahrungsergänzungsmittel zum Einsatz. Pauschal verwendet man pro 1000 g Futtermenge:

- 10 g Knochenmehl (alternativ 7,5 g Eierschalenmehl)
- 1 Kapsel Lachsöl zum Ausgleich des Fettsäurenverhältnisses
- 2 Tropfen Vitamin E zur Stabilisation der Fettsäuren
- 1 Kapsel Vitamin B-Komplex
- 1,5 g Seealgenmehl mit einem Jodgehalt von 0,05%
- 50 ml Blut (alternativ 10 g Blutmehl)
- 2 g Meersalz oder Himalaja-Salz
- 2 g Taurin

Zudem sollten der BARF-Mischung Ballaststoffe in Form von geraspeltem Gemüse (bis zu 50 g auf 1000 g Gesamtfuttermenge) oder gemahlene Flohsamenschalen (2 g auf 1000 g Gesamtfuttermenge) zugegeben werden, um die Darmtätigkeit der Katze zu unterstützen.

Das BARF mit Supplementen geht nicht nur mit einem erheblichen Berechnungsaufwand einher, sondern erfordert vom Tierhalter Organisationsvermögen und Arbeitseinsatz. In der Praxis schrecken viele Katzenbesitzer vor diesem Fütterungsprinzip aber aus Angst davor zurück, bei den Berechnungen Fehler zu machen, Fehlversorgungen zu verursachen und somit Folgeerkrankungen zu riskieren.

Um dies zu umgehen und den Zubereitungsaufwand gleichzeitig so gering wie möglich zu halten, greifen viele Tierhalter deshalb auf Mineralstoffmischungen zurück: Sie benötigen somit allenfalls Muskelfleisch, eine Ballaststoffquelle, etwas Wasser und Lachsöl und können den weiteren Nährstoffbedarf der Katze durch das Komplexpräparat decken. In der Anwendung ist diese Form der Nahrungsergänzung sicherlich die unkomplizierteste – wie sieht es aber in der Praxis aus?

Woran erkennt man, ob eine Mineralstoffmischung wirklich hochwertig ist?

Grundsätzlich sind Nahrungsergänzungsmittel natürlichen Ursprungs jenen synthetischer Herkunft vorzuziehen.

Wichtig ist darauf zu achten, dass die Mineralstoffmischung eindeutig für die Katze konzipiert wurde. Einige Produkte erheben den Anspruch, sowohl für die Nährstoffversorgung der Katze als auch für die des Hundes geeignet zu sein – allein aufgrund der unterschiedlichen Verdauungs- und Stoffwechselleistung der Tiere und der deutlich voneinander abweichenden Bedarfswerte ist dies aber unmöglich.

Die Mineralstoffmischung muss sämtliche Nährstoffe enthalten, die über den physiologischen Gehalt des Muskelfleisches hinausgehen. In erster Linie sind das Vitamine und Mineralstoffe sowie die essenzielle Aminosäure Taurin. Unnötig hingegen ist der Zusatz von Vitamin C, da dieses von der Katze selbst synthetisiert werden kann.

Selbstverständlich sollte die Mineralstoffmischung frei von Kohlenhydraten wie Getreide und ebenfalls frei von pflanzlichen Füllstoffen wie Rübentrockenschnitzeln oder Apfeltrester sein. Zur Förderung der Darmmotorik und zur Unterstützung der Darmflora darf das Produkt aber einen geringen Anteil von Ballast- und Faserstoffen wie Flohsamenschalen oder Akazienfasern enthalten.

Auf der Packung muss zudem neben den konkreten Dosierungshinweisen nach Gewicht und Lebensphase auch angeführt sein, wie das Produkt angewendet wird und welche Fleischteile in der Fütterung verwendet werden dürfen – ob beispielsweise die Verfütterung von reinem Muskelfleisch ausreicht oder ob ein gewisser Anteil an Innereien hinzugegeben werden muss.

Erfahrungen haben gezeigt, dass viele Katzen, die den Eigengeschmack der einzelnen Nahrungsergänzungsmittel verschmähen, die Mineralstoffmischung problemlos annehmen. Tatsächlich können die Produkte den Übergang vom Fertigfutter hin zum BARF sowohl für das Tier als auch für den Menschen erleichtern und dem Katzenhalter die Scheu vor der Rohfütterung nehmen. Da die Rezepturen der Mineralstoffmischungen jedoch zu pauschal sind und weder auf die besonderen Nährstoffbedürfnisse der Katze in den unterschiedlichen Lebensphasen noch auf die unterschiedlichen Nährstoffgehalte im Muskelfleisch Rücksicht nehmen, sind sie für eine langfristige und ausschließliche Anwendung ungeeignet.

Die meisten BARF-Konzepte kommen nicht ganz ohne Supplemente aus.

Die besten Erfahrungen habe ich sowohl bei meinen eigenen Tieren als auch bei den Patientenkatzen mit der Umstellung auf naturnähere BARF-Konzepte wie Frankenprey, Frankenprey plus und insbesondere das Beutetierprinzip gemacht.
Der mitunter sehr intensive Eigengeschmack der Einzelsupplemente kann die Gewöhnung der Katze an neue Texturen und den ungewohnten Geschmack der rohen Futterkomponenten unnötig erschweren.

Frankenprey

Das Fütterungskonzept Frankenprey deckt den Energie- und Nährstoffbedarf der Katze ausschließlich durch die Verfütterung tierischer Komponenten; auf den Einsatz von Nahrungsergänzungsmitteln verzichtet man dabei gänzlich. Diese sehr reduzierte Fütterungsmethode erhebt den Anspruch, nach dem Whole Prey das natürlichste Ernährungskonzept für unsere Hauskatze zu sein.
Das prozentuale Grundgerüst, das dem Frankenprey zugrunde liegt, ist eng an den anatomischen Aufbau der Maus angelehnt; je nach Proteinquelle und Verfügbarkeit von Muskelfleisch, Fett, Knochenstrukturen und Innereien wird das Grundgerüst geringfügig angepasst. Den Nährstoffausgleich und eine ausreichende Energiezufuhr stellt man durch eine Abwechslung der Fleischsorten sicher.

Der ungewöhnliche Name dieses Konzepts leitet sich aus dem englischen Wort „prey“ für „Beute“ ab; die Vorsilbe „Franken-“ stellt den Bezug her zu Mary Shelleys Roman „Frankensteins Monster“ (1818). Ähnlich wie in diesem Roman, in dem ein künstlicher Mensch aus Leichenteilen „erschaffen“ wird, setzt sich das künstliche Beutetier beim Frankenprey aus den tierischen Futterkomponenten Muskelfleisch, Innereien und Knochen zusammen.

Pauschal-Rezept nach Frankenprey

Grundrezeptur mit blanken Knochen	Basis-Aufteilung mit RFK* (1000 g)	Konkrete Umsetzung (1000 g)
80 % Muskelfleisch (ca. 10 % Fett), davon max. 15 % Herz plus 10 % Fisch	700 g Muskelfleisch (ca. 10 % Fett), davon max. 15 % Herz plus 10 % Fisch	530 g Muskelfleisch (ca. 10 % Fett), 100 g Herz 70 g Fisch
100 g Innereien	100 g Innereien	50 g Leber 25 g Milz 25 g Niere
100 g blanke Knochen	200 g rohe, fleischige Knochen	200 g rohe, fleischige Knochen

*RFK = rohe fleischige Knochen

Zur Anregung der Darmmotorik und zur Unterstützung der Darmflora können gequollene Flohsamenschalen eingesetzt werden (2 g pro 1000 g Gesamtfuttermenge).

Frankenprey plus

Dieses Fütterungskonzept bildet die goldene Mitte zwischen der sehr reduzierten Frankenprey-Methode und dem aufwendigen Supplement-BARF. Beim Frankenprey plus wird das Frankenprey-Prinzip mit Nahrungsergänzungsmitteln überwiegend natürlichen Ursprungs angereichert.

Pauschalrezept nach Frankenprey plus
Die Grundkomponenten sind mit dem Frankenprey-Prinzip identisch.

Grundrezeptur mit blanken Knochen	Basis-Aufteilung mit RFK* (1000 g)	Konkrete Umsetzung mit Supplementen (1000 g)
80 % Muskelfleisch (ca. 10 % Fett), davon max. 15 % Herz plus 10 % Fisch	700 g Muskelfleisch (ca. 10 % Fett), davon max. 15 % Herz plus 10 % Fisch	530 g Muskelfleisch (ca. 10 % Fett), 100 g Herz 70 g Fisch
100 g Innereien	100 g Innereien	50 g Leber 25 g Milz 25 g Niere
100 g blanke Knochen	200 g rohe, fleischige Knochen	200 g rohe, fleischige Knochen
		50 ml Blut 2 Kapseln stabilisiertes Lachsöl 1 g Taurin

Die Zugabe von hochwertigem Lachsöl soll das Verhältnis zwischen den gesundheitsfördernden Omega 3- und den gesundheitsschädigenden Omega 6-Fettsäuren ausgleichen.

> **!** Das verwendete Öl sollte mit Vitamin E stabilisiert sein, um es vor der Oxidation (dem „Ranzigwerden") zu schützen. Andernfalls muss das Öl eigenhändig mit Vitamin E angereichert werden. Pro 1 ml Öl sollten 10 IE (Internationale Einheiten) Vitamin E hinzugefügt werden. Vitamin E ist in Tropfen- oder auch Kapselform erhältlich.

Bei der Verfütterung beispielsweise von Putenhälsen, Hühnerrücken oder Kaninchenkarkassen kann der Kalziumbedarf der Katze auf natürliche Weise gedeckt werden. Verfüttert man überwiegend sehr weiche Knochen wie Hühnerhälse, sollte man ein weiteres reines Kalziumpräparat (z. B. Eierschalenmehl) verwenden, um ein physiologisches Kalzium-Phosphor-Verhältnis herzustellen (pauschal 1 bis 2 g pro 1000 g Gesamtfuttermenge mit einem Anteil von 15 % Hühnerhälsen).

Hier wurde schon mal das Interesse an rohem Fleisch geweckt.

Beutetierprinzip

Dieses BARF-Prinzip ist in seiner prozentualen Aufteilung ebenfalls sehr stark an die Anatomie von Maus und Vogel angelehnt und ähnelt dadurch dem Konzept Frankenprey. Beim Beutetierprinzip setzen wir jedoch gezielt Nahrungsergänzungsmittel natürlichen Ursprungs ein, um den Nährstoffbedarf der Katze zu decken. Wir verwenden ebenso wie beim Frankenprey plus hochwertiges Lachsöl zum Ausgleich des Verhältnisses von Omega 3- und Omega 6-Fettsäuren. Da uns beim klassischen BARFen kein Schilddrüsengewebe des Schlacht- oder Beutetiers zur Verfügung steht, verwenden wir Seealgenmehl (*Ascophyllum nodosum*) zur Jodversorgung. Wir verfüttern zudem die essenzielle Aminosäure Taurin in Tropfen- oder Pulverform, dazu Eigelb und Salz beziehungsweise Blut.
Ebenso wie bei den anderen BARF-Konzepten ist auch beim Beutetierprinzip eine abwechslungsreiche Fütterung erforderlich, um den optimalen Nährstoffausgleich zu schaffen. Je nach Verfügbarkeit der Proteinquellen und entsprechend der Innereien wird die Pauschalrezeptur geringfügig abgewandelt. So können wir beispielsweise beim Rind auf sämtliche Organe zurückgreifen, wohingegen uns beim Huhn oder der Pute nur die Leber als klassische Innerei zur Verfügung steht.

Pauschal-Rezept Beutetierprinzip

Grundrezeptur	Einfache Aufteilung (1000 g)	Aufteilung + Herz (1000 g)	Aufteilung + Innereien (1000 g)
70 bis 80 % Muskelfleisch (ca. 10 % Fett), davon bis zu 20 % Herz 10 % des Muskelfleischanteils kann durch Fisch gedeckt werden	700 g Muskelfleisch (ca. 10 % Fett), davon bis zu 20 % Herz	600 g Muskelfleisch (ca. 10 % Fett), 100 g Herz	600 g Muskelfleisch (ca. 10 % Fett), 100 g Herz
10 % Innereien	100 g Innereien	100 g Innereien	50 g Leber 25 g Niere 25 g Milz
10 bis 15 % rohe, fleischige Knochen	100 bis 150 g rohe, fleischige Knochen	100 bis 150 g rohe, fleischige Knochen	150 g Putenhälse
max. 5 % pflanzlicher Anteil	max. 50 g Gemüse	max. 50 g Gemüse	max. 50 g Gemüse

! Je härter die Knochen sind, desto mehr Kalzium erhalten sie auch. Umgekehrt benötigt man eine größere Menge weicher Knochen, um den Kalziumbedarf der Katze zu decken. Auch hier profitiert unser BARF-Konzept von einer regelmäßigen Abwechslung: Fehlversorgungen kann somit leichter vorgebeugt werden.

Pro 1000 g Gesamtfuttermenge benötigen wir zusätzlich folgende Nahrungsergänzungsmittel:

- 1 bis 1,5 g Seealgenmehl mit einem Jodgehalt von 0,05 % (= 0,15 % der Gesamtfuttermenge)
- 10 ml Lachsöl (mit Vitamin E stabilisiert) (= 1 % der Gesamtfuttermenge)
- 2 g Taurin (= 0,2 % der Gesamtfuttermenge)
- 50 ml Blut (= 5 % der Gesamtfuttermenge)
- 1 Eigelb
- ggf. 5 g gemahlene Flohsamenschalen

Grundrezeptur	Aufteilung mit Innereien
70 bis 80 % Muskelfleisch (ca. 10 % Fett), davon bis zu 20 % Herz	600 g Muskelfleisch (ca. 10 % Fett), 100 g Herz
10 % Innereien	50 g Leber 25 g Niere 25 g Milz
10 bis 15 % rohe, fleischige Knochen	150 g Putenhälse
max. 5 % pflanzlicher Anteil	max. 50 g Gemüse
0,1 bis 0,15 % Seealgenmehl (Jodgehalt 0,05 %)	1,5 g Seealgenmehl (Jodgehalt von 0,05 %)
1 % Lachsöl (mit Vitamin E stabilisiert)	10 ml Lachsöl (mit Vitamin E stabilisiert)
0,2 % Taurin	2 g Taurin
5 % Blut	50 ml Blut
	optional 1 Eigelb
	optional 5 g gemahlene Flohsamenschalen (trocken gewogen)

Gemüse darf immer nur fein geraspelt und in geringen Mengen verwendet werden.

Die Grundfutterkomponenten beim BARFen

Wir verwenden beim BARFen überwiegend tierische und nur einen geringen Anteil an pflanzlichen Futterkomponenten.
Pflanzlich: Obst und Gemüse, Ballaststoffe
Tierisch: Muskelfleisch, Innereien, fleischige Knochen

Der pflanzliche Anteil

Als reiner Fleischfresser kann die Katze pflanzliche Anteile in ihrer Nahrung nur schwer verdauen. Ihre Energie gewinnt sie primär aus der Verstoffwechselung von Fetten. Dennoch hat ein geringer Gehalt an Pflanzenfasern in Form von geraspeltem Obst oder Gemüse einen gesundheitsfördernden Effekt bei der Katze: Er regt die Darmtätigkeit an, reguliert den Kotabsatz und stärkt durch seine präbiotischen Eigenschaften die Darmflora.

Geeignete Gemüsesorten:
Karotten, Zucchini, Gurke, Kürbis, verschiedene Blattsalate, Löwenzahn, Portulak, Rote Bete, Topinambur, Pastinake, Schwarzwurzeln

Intensiv schmeckende Gemüsesorten wie Sellerie oder Fenchel werden von der Katze in der Regel verweigert, ebenso sehr scharf oder bitter schmeckende Kräuter und Gemüsesorten wie Kresse, Rucola oder Rettich.

Ungeeignete Gemüsesorten:
Rohe Kartoffeln, unreife Tomaten, grüne Paprika, Auberginen, Zwiebel- und Knoblauchgewächse, Hülsenfrüchte (Linsen, Bohnen, Erbsen) und Kohlsorten (Brokkoli, Blumenkohl, Wirsing, Grünkohl, Rosenkohl, Rot- und Weißkohl), Avocado

Probiotika vs. Präbiotika

Als **Probiotika** bezeichnet man lebende Mikroorganismen, die die Darmflora stärken und so eine gesundheitsfördernde Wirkung besitzen. Insbesondere bei der Behandlung von Durchfallerkrankungen und chronischen Darmreizungen werden die Probiotika auch in der Veterinärmedizin eingesetzt.
Bei **Präbiotika** handelt es sich um Ballaststoffe wie Inulin, die nicht im Dünndarm aufgespalten werden können und somit unverdaut in den Dickdarm gelangen, wo sie die dortige Bakterienflora ernähren. Damit helfen die Präbiotika ihrerseits bei der Stabilisierung der Darmgesundheit.

> **!** Nachtschattengewächse enthalten das für Katzen giftige Solanin. Dieses löst Magen-Darm-Probleme und einen vermehrten Speichelfluss aus, kann aber auch schädigend auf das Nervensystem und die Herz-Kreislauf-Funktion wirken.

Obst wird in der Katzennahrung eher selten eingesetzt. Toleriert die Katze Obst in ihrem Futter, so kann man unter anderem zurückgreifen auf:
Ananas, Apfel, Aprikose, Banane, Birne, Melone, Beeren (Brombeeren, Erdbeeren, Heidelbeeren, Himbeeren).
Die Verfütterung von Zitrusfrüchten (Mandarine, Orange, Zitrone, Limette, Grapefruit) ist möglich, wird von der Katze aber erfahrungsgemäß verweigert.

Entwurmung – aber natürlich!

Der Verdauungstrakt einer gesunden Katze besitzt eine Vielzahl körpereigener Abwehrmechanismen, um einem Befall mit Darmparasiten vorzubeugen: So enthält schon der Speichel keimtötende Enzyme, der Magensaft wiederum ist so sauer, dass die meisten oral aufgenommenen Parasiten und Krankheitskeime an Ort und Stelle eliminiert werden können. Darüber hinaus sorgt das darmassoziierte Immunsystem dafür, dass Eindringlinge durch eine beschleunigte Darmpassage ausgeschieden werden.
Vielen Tierhaltern ist nicht bewusst, dass eine konventionelle Wurmkur vom Tierarzt die Katze nicht vor einem Wurmbefall schützen kann: Die Präparate in Tabletten- und Pastenform, aber auch in Form von Spot-ons können lediglich einen bereits vorhandenen Wurmbefall eliminieren.
Die wichtigsten Voraussetzungen für eine nachhaltige und gesundheitsbewusste Wurmprophylaxe sind eine intakte Darmflora und ein stabiles Immunsystem: Durch die Zugabe bestimmter Kräuter und Nüsse kann zudem ein wurmwidriges Milieu im Darm geschaffen werden. Hierfür eignen sich neben Kokosflocken und gemahlenen Kürbiskernen auch Kräuter wie Beifuß, Estragon, Feldthymian oder Rosmarin.
Die wichtigste Basis ist aber eine nährstoffreiche, artgerechte Ernährung: Nur durch sie können die Strukturen des Verdauungsapparats sowie die Stoffwechselfunktionen unseres obligaten Karnivoren entlastet werden, chronische Reizungen der Schleimhäute im Verdauungstrakt abklingen und die Darmflora sich entsprechend ausbilden und regenerieren.
Alle drei bis vier Monate sollte zudem eine Sammelkotprobe untersucht werden, um feststellen zu können, ob sich das Tier infiziert hat und wenn ja, welche Parasiten in welchem Maß vorhanden sind. Etwaige behandelnde Maßnahmen können somit viel zielgerichteter durchgeführt werden.

Ungeeignete Obstsorten sind:
Holunderbeeren, Quitten, Weintrauben

Neigt die Katze zu Darmträgheit und damit verbunden zu Kotabsatzschwierigkeiten oder gar zu Verstopfungen (Obstipationen), sollte man dem Futter zusätzlich zu dem pflanzlichen Anteil noch gemahlene Flohsamenschalen, Wegerichsamen oder Akazienfasern zugeben. So wird einerseits die Darmmotorik angeregt, andererseits sorgen wir durch die präbiotischen Eigenschaften dieser Nahrungszusätze für eine stabile und ausgeglichene Darmgesundheit. Auch Nüsse und Samen, insbesondere gemahlene Kürbiskerne und ungezuckerte Kokosflocken, haben eine stimulierende Wirkung auf die Darmmotorik; zudem schaffen sie ein wurmwidriges Milieu im Darm, sodass einem Befall mit Endoparasiten wirksam vorgebeugt werden kann.

Welche Anzeichen zeigt eine Katze bei einem Wurmbefall?
- Durchfall
- Erbrechen
- „Schlittenfahren“ (Die Katze rutscht auf dem After, um den Juckreiz zu lindern.)
- ggf. Ausscheidung von Wurmgliedern mit dem Kot
- Heißhunger
- fortschreitende Abmagerung
- Blähbauch
- Veränderungen von Haut und Fell
- Nickhautvorfall

Der tierische Anteil

Um ihren Energie- und Nährstoffbedarf zu decken, nutzt die Katze ausschließlich die tierischen Anteile in ihrer Ernährung. Im Rahmen der biologisch artgerechten Rohfütterung verwenden wir hochwertige und nährstoffreiche Futterkomponenten wie Muskelfleisch, Innereien und Knochen. Pansen, Blättermagen, Euter, Knorpelstrukturen und andere nährstoffarme, schwer verdauliche Strukturen vermeiden wir.

Muskelfleisch

Das Muskelfleisch dient der Katze primär zur Versorgung mit Fetten und Aminosäuren. Wir verfüttern überwiegend:

Geflügelfleisch:
Huhn, Pute, Ente, Gans, Wachtel
Muskelfleisch: Brust, Schenkelfleisch mit und ohne Haut, Magen
Innereien: Herz, Leber
Knochen: Flügel, Karkassen, Rippen, Schenkel

Hühnerherzen werden beim BARFen eher dem Muskelfleisch als den Innereien zugeordnet.

Geflügelfleisch gilt als hochverdaulich und ist reich an essenziellen Fettsäuren. Mit Haut besitzt es einen Fettanteil von bis zu 25 %, ohne Haut hingegen ist Geflügelfleisch in der Regel sehr mager (max. 5 % Fett). Die Haut kann separat als wertvolle Fettquelle genutzt werden.

Fleisch von Hufträgern:
Rind, Kalb, Schaf, Lamm, Pferd, Ziege, Wild
Muskelfleisch: Skelettmuskulatur, z. B. Kopffleisch, Lefzen- und Maulfleisch, Kronfleisch, Backenfleisch, Zunge, Bauch- und Schenkelfleisch, Brustfleisch
Innereien: Herz, Leber, Niere, Milz
Knochen: aufgrund ihrer Härte meist nur in gewolfter oder gemuster Form verwendet

! Lamm- und Schaffleisch sowie Wildfleisch sollte nicht frisch verfüttert werden, da es erheblich mit Parasiten belastet sein kann. Um mögliche enthaltene parasitäre Stadien abzutöten, sollten diese Fleischsorten mindestens drei Wochen lang bei -18 °C tiefgekühlt werden.

In der Regel ist von den Hufträgern auch Blut erhältlich – dieses muss nicht zwingend verfüttert werden, wertet allerdings den Nährstoffgehalt der BARF-Portion nochmal zusätzlich auf.

Fett: Die zentrale Energiequelle für die Katze

In sämtlichen naturnahen BARF-Konzepten wird angegeben, dass der Fettanteil im Muskelfleisch mindestens 10 % betragen sollte; erfahrungsgemäß wird das Fleisch von den Katzen am liebsten angenommen, wenn sein Fettanteil sogar noch höher ist.

Nun fällt es uns beim Einkauf im BARF-Shop dank des Packungsaufdrucks leicht, Muskelfleischsorten mit einem entsprechend hohen Fettanteil zu wählen. Beim Einkauf im Supermarkt können wir uns an der Marmorierung des Fleisches orientieren: Sehr deutlich marmoriertes Fleisch hat einen Fettanteil von etwa 10 bis 15 %, während mageres Fleisch, etwa vom Huhn, maximal einen Fettanteil von 3 bis 5 % besitzt.

Was aber tun, wenn wir nur mageres Fleisch einkaufen können oder wir den Fettanteil in der Nahrung zusätzlich erhöhen wollen?

Um die entsprechende Fettzugabe zu berechnen, verwenden wir eine Formel der Autorin Nadine Wolf (www.der-barf-blog.de)

$$\text{Zusatzfett} = \frac{\text{Fleischmenge in g x (Zielfettwert in \%-Ausgangsfettwert in \%)}}{\text{(100 \%-Ausgangsfettwert in \%)}}$$

Ein Rechenbeispiel:

Zubereitung einer Tagesration für eine 4 kg schwere Hauskatze. Verfüttern möchten wir einen Anteil von 200 g Muskelfleisch. Wir gehen von Hühnermuskelfleisch mit einem Fettanteil von 3 % aus, möchten aber einen Fettgehalt von 15 % erreichen.

$$\text{Zusatzfett} = \frac{200\text{ g x }(15\%-3\%)}{100\%-3\%} = \frac{200\text{ g x }12\%}{97\%} = \frac{2400\text{ g}}{97} = 24{,}7\text{ g} \sim 25\text{ g}$$

Die Berechnungen ergeben, dass die Katze einen Anteil von 25 g Zusatzfett benötigt. Dieser wird von der bisherigen Muskelfleischmenge abgezogen; die Katze erhält folglich nicht mehr 200 g Muskelfleisch, sondern 175 g Muskelfleisch und 25 g Zusatzfett. Hier ist es am besten, reines Tierfett zu verwenden, beispielsweise Fett vom Rinderherzkranz, Hühnerfett oder Ähnliches. Im Handel erhältlich ist auch Fettpulver zur Anreicherung der Mahlzeiten.

Pansen und Blättermagen werden beim Katzen-BARF in der Regel nicht verfüttert; da sie sehr geruchsintensiv sind, verweigern die meisten Stubentiger diese Futterkomponenten auch. Ist die Katze jedoch sehr an diesen Zutaten interessiert, dürfen sie mit maximal 5 % des Muskelfleischanteils in das Gesamtfutter integriert werden.

> **!** Da Stichfleisch gegebenenfalls noch Reste von Schilddrüsengewebe enthalten kann, wird es beim BARFen nicht verfüttert. Beim Geflügel sitzt die Schilddrüse allerdings nicht im Halsbereich, sondern in Höhe des Brustbeins. Daher können Geflügelhälse problemlos verfüttert werden, ohne dass die Gefahr besteht, dass die Katze Schilddrüsengewebe mit aufnimmt.

Viele beginnen das BARFen mit Geflügelfleisch.

Rotes Fleisch enthält für gewöhnlich größere Mengen der essenziellen Aminosäure Taurin als helles Fleisch und ist zudem reich an essenziellen Fettsäuren. Von Tierart zu Tierart kann sein Fettgehalt erheblich schwanken. So ist Pferdefleisch in der Regel mit 4 bis maximal 10 % sehr mager, wohingegen Lamm und Ziege sehr fetthaltig sind (Fettanteil von 20 % und höher).

Fleisch von Hasenartigen:
Feldhase, Kaninchen
Muskelfleisch: Brustfleisch, Schenkelfleisch
Innereien: Herz, Leber
Knochen: vor allem Karkassen

In der biologischen Rohfütterung wechselt man in der Regel zwischen zwei bis drei Fleischsorten ab, um der Katze unterschiedliche Aminosäurenmuster sowie unterschiedliche Nährstoffspektren zur Verfügung zu stellen. Bei guter Verträglichkeit sollten sowohl helle als auch dunkle Fleischsorten verfüttert werden.

> **!** Liegen keine Allergien und keine bekannten Unverträglichkeiten vor, beginnen die meisten Katzenhalter die Futterumstellung häufig mit Rind- oder Geflügelfleisch, da dieses in jedem Supermarkt erhältlich ist. Man sollte hierbei jedoch bedenken, dass es eben diese Proteinquellen sind, gegen die Katzen am häufigsten allergisch reagieren. Sollten hier Probleme wie Erbrechen, Durchfall oder Juckreiz auftreten, ist es wichtig, geduldig zu sein und zunächst auf eine andere Fleischsorte auszuweichen.

Wann eine Ausschlussdiät sinnvoll ist

Ist die Katze sehr verdauungssensibel, zeigt sie unspezifischen Durchfall oder wiederkehrendes Erbrechen, neigt sie zu Juckreiz und therapieresistenten Hautreizungen, kann es sinnvoll und nötig sein, zunächst auf die üblichen Proteinquellen zu verzichten und die Futterumstellung stattdessen mit einer bislang unbekannten Fleischsorte durchzuführen.

Hierfür sind folgende, nach dem BARF-Konzept als „exotisch" bezeichnete Fleischsorten geeignet:
Wild, Pferd, Strauß, Känguru, Büffel, Rentier, Ziege, Lama
In der Ernährungsberatung sprechen wir hierbei von einer sogenannten **Ausschluss-** oder **Eliminationsdiät**. Hierbei wird für einen Zeitraum von mindestens acht bis zehn Wochen eine einzige Proteinquelle verfüttert, die die Katze bislang noch nicht kennt und gegen die ihr Immunsystem folglich noch keine Antikörper bilden konnte. Ziel der Eliminationsdiät ist es, die überschießenden Reaktionen des Immunsystems zum Abklingen zu bringen und so die Symptomatik zu lindern oder gänzlich zu beheben.

Für eine Ausschlussdiät ist bei der Katze vor allem Fleisch von Pferd, Ziege oder Wild geeignet. Indem wir gemäß des BARF-Prinzips rohe, naturbelassene Futterkomponenten verwenden, können wir auf alle potenziell allergieauslösenden Zutaten verzichten, die uns im Fertigfutter begegnen: unverdauliche Füllstoffe wie Getreide und Pflanzenfasern, aber auch minderwertige Proteinstrukturen wie Bindegewebe oder pflanzliches Eiweiß.

Bei der Wahl der Proteinquelle ist entscheidend, dass nicht nur das Muskelfleisch erhältlich ist, sondern auch die entsprechenden Innereien und gegebenenfalls sogar gewolfte Knochenstrukturen oder Knochenmehl. Wir wissen, dass die Katze ihren Vitaminbedarf vorwiegend aus dem Organfleisch deckt. Können aus organisatorischen oder auch aus gesundheitlichen Gründen keine Innereien verfüttert werden, müssen wir auf eine Vielzahl von Nahrungsergänzungsmitteln zurückgreifen, die ihrerseits allergische Reaktionen auslösen können.

! Weniger ist mehr! Gerade zu Beginn der Ausschlussdiät ist eine konsequente und sehr reduzierte Fütterung hilfreich, um die best- und schnellstmöglichen Ergebnisse zu erzielen.

Führen wir eine Ausschlussdiät durch, so sollten wir unbedingt auf die Herkunft des verfütterten Fleisches achten – schließlich können die Fütterung, die Haltungsbedingungen und auch die Medikation der Schlachttiere großen Einfluss auf die Qualität und den Nährwertgehalt des Fleisches nehmen. Inzwischen weiß man, dass Allergiepatienten vor allem mit Fleisch von jenen Tieren zurechtkommen, die artgerecht gehalten und gefüttert wurden; Fleisch aus Massentierhaltung wiederum bereitet die größten Probleme.

Warum eine Ausschlussdiät mit Fertigfutter nicht zielführend ist

In der ganzheitlichen Ernährungsberatung gilt die Ausschlussdiät als Königsweg bei der Behandlung von Allergien und unspezifischen Krankheitsproblematiken. Das haben auch die Futtermittelhersteller erkannt: Inzwischen sind Fertigfuttermittel erhältlich, in denen besonders exotische Proteinquellen wie Büffel, Wildschwein, Känguru oder Strauß verarbeitet sind oder deren Rezeptur auf Insektenprotein basiert. Für besonders sensible Katzen kann der Tierarzt ein Spezial-Trockenfutter verschreiben, das als einzige tierische Proteinquelle Federmehl enthält.

Tatsächlich ergeben sich durch die Verfütterung solcher Spezialfuttermittel weitere gesundheitliche Probleme: Zum einen handelt es sich bei vielen Eliminationsdiäten um Trockenfutter, das an sich als artwidrig und gesundheitsschädigend für eine Katze anzusehen ist – zum anderen wird der empfindliche Organismus durch eine Verunreinigung mit Schimmelpilzen und ranzig gewordenen Fettsäuren belastet. Ein besonders gravierendes Problem insbesondere bei den hautsensiblen Katzen ist die Belastung mit Futter- und Vorratsmilben bei unsachgemäßer Lagerung des Futters.

Tatsächlich sollte beim Vorliegen einer Allergie generell auf Fertigfutter verzichtet werden. Denn die Katze muss nicht zwangsläufig auf die verarbeiteten Proteinquellen reagieren; für sie werden insbesondere die synthetischen Nahrungsergänzungsmittel, aber auch die verarbeiteten Geschmacks- und Konservierungsstoffe zum Problem. In einer Studie von 2018 (Ricci, Conficoni, Morelli: Undeclared animal species in dry and wet novel and hydrolyzed protein diets for dogs and cats detected by microarray analysis) wurde außerdem nachgewiesen, dass die meisten untersuchten Diätfuttermittel mit nicht näher bestimmbaren Fremdproteinen verunreinigt waren.

Wir beginnen die Ausschlussdiät mit der Fütterung von reinem Muskelfleisch, dem etwas gequollene Flohsamenschalen hinzugefügt werden, um die Darmmotorik zu unterstützen. Verträgt die Katze das Fleisch und nimmt sie es gern an, geben wir nach und nach die anderen Futterkomponenten hinzu. Wir beginnen mit den Innereien sowie dem geringen pflanzlichen Anteil und arbeiten uns dann über das Lachsöl und das Knochenmehl bzw. die Knochen hin zu Seealgenmehl, Taurin und den weiteren benötigten Futterkomponenten. Zwischen den einzelnen Schritten sollten stets zwei bis drei Tage Beobachtungszeitraum liegen, in dem wir abschätzen, ob sich die Ausgangsproblematik (Juckreiz, Durchfall, Erbrechen oder Ähnliches) bei unserer Katze verändert. Sollte die Katze auf die eine oder andere Futterkomponente allergisch oder unverträglich reagieren, können wir den Auslöser somit rasch ausfindig machen. Verträgt und akzeptiert die Katze sämtliche Futterkomponenten, können wir das Komplettfutter zusammenstellen.

! Eine Ausschlussdiät kann zur organisatorischen Herausforderung werden, wenn der Katzenhalter in der Vergangenheit bereits zahlreiche unterschiedliche Proteinquellen verfüttert hat. Zugegeben, das Angebot in vielen Futtermärkten und BARF-Shops verlockt dazu, der Katze eine bunte Vielfalt an unterschiedlichen Fleischsorten anzubieten. In Rücksichtnahme auf die Gesundheit unserer Katze und mögliche Therapieoptionen im Krankheitsfall sollten wir aber „exotische" Fleischsorten unbedingt vermeiden.

Kein rohes Schweinefleisch für Katzen!

Fleisch vom Haus- oder auch Wildschwein darf unter keinen Umständen roh verfüttert werden. Andernfalls kann sich die Katze mit gesundheitsgefährdenden Parasiten wie beispielsweise Trichinen infizieren. Bei Trichinen handelt es sich um feinste Fadenwürmer, die vor allem in Menschen und Säugetieren, aber auch in Vögeln ihren Wirt finden. In ihrem Entwicklungszyklus befallen die Trichinenlarven die Dünndarmschleimhaut und entwickeln sich in ihr zu Würmern heran. Ein Befall mit Trichinen (Trichinellose) kann zunächst unspezifische Verdauungsstörungen hervorrufen. Über das Blut und die Lymphflüssigkeit wandern die Larven aber auch in die Skelettmuskulatur aus, wo sie Muskelschwäche und Muskelabbau, Koordinations- und Gangstörungen, Atemwegsbeschwerden und allgemeine Entzündungszeichen wie etwa Fieber verursachen. Nicht zu unterschätzen ist auch die Gefahr einer Infektion mit dem Aujeszky-Virus, die ebenfalls nach dem Verzehr von rohem Schweinefleisch auftreten kann und für Hund und Katze tödlich endet. Da das Virus heftigen Juckreiz, neurologische Auffälligkeiten, Lähmungen und Schluckbeschwerden auslöst, wird eine Infektion auch als „Pseudo-Wut" bezeichnet. Möchte oder muss man die Katze dennoch mit Schweinefleisch ernähren, so darf ausschließlich gekochtes Schweinefleisch verwendet werden. Um den Nährstoffbedarf der Katze zu decken, ist eine ausgewogene Supplementierung nötig.

Fisch

Auch Fisch sollte einen Platz im Speiseplan der Katze finden: Er liefert ihr wertvolle Omega 3-Fettsäuren sowie vor allem die Mineralstoffe Jod, Zink und Selen. Da Fisch reichlich Vitamin D enthält, setzen wir ihn beim BARFen in relativ geringen Mengen ein. Wir rechnen ihn mit maximal 10 % in den Muskelfleischanteil mit ein.

Geeignete Süßwasserfische:
Aal, Äsche, Forelle, Hecht, Renke, Schleie, Wels u. a.

Geeignete Salzwasserfische:
Heilbutt, Kabeljau, Lachs, Rotbarsch, Sardine, Seezunge, Schellfisch, Scholle, Thunfisch u. a.

! Bei der Auswahl der Fischsorten sind Salzwasserfische den Süßwasserfischen vorzuziehen.

Alle Fische, die für den menschlichen Verzehr geeignet sind, können auch bedenkenlos an die Katze verfüttert werden. Jedoch enthalten manche Fischsorten das Enzym Thiaminase, das den Vitamin B1-Gehalt im Futter zerstören kann. Das Enzym Thiaminase kann durch Kochen unschädlich gemacht werden.

Folgende Fischarten sind besonderes thiaminasereich und sollten nur äußerst selten oder in sehr geringen Mengen verfüttert werden: Brasse, Hering, Karpfen, Makrele, Sardellen, Stint, Zander. Besser ist jedoch, sie gänzlich zu meiden.

Sowohl Süß- als auch Salzwasserfische sind für ein BARF-Menü geeignet, wenn sie nicht zu viel Thiaminase enthalten.

> **!** In Folge eines Vitamin B1-Mangels kann es zu einer Schwächung der Muskulatur sowie zur Ausbildung von neurologischen Auffälligkeiten wie beispielsweise Koordinationsstörungen kommen.

Innereien

Für unsere Katze sind Innereien die zentrale Vitaminquelle. Wir verwenden Leber, Niere, Milz und Herz. Insbesondere die Bedeutung von Herz wird in den verschiedenen BARF-Konzepten dabei sehr strittig diskutiert. Eigentlich nimmt es eine Sonderstellung ein, da es dem Tier zwar hochwertige Aminosäuren und insbesondere die essenzielle Aminosäure Taurin liefert, jedoch im Vergleich zu anderen Organen deutlich weniger Nährstoffe enthält. Entsprechend wird das Herz eher dem Muskelfleischanteil zugerechnet und weniger den klassischen Innereien. In den meisten BARF-Konzepten erhält Herz deshalb einen separaten Posten.

Der Innereien-Mix lässt sich individuell zusammenstellen.

Individueller Innereien-Mix

Da die Katze nur einen sehr geringen Innereien-Anteil in ihrem Futter benötigt, die meisten Packungseinheiten in den BARF-Shops aber auf 250 bis 500 g ausgelegt sind, empfiehlt es sich, Leber, Herz, Milz und Niere direkt beim Metzger vor Ort zu beziehen und einen individuellen Innereien-Mix zuzubereiten.
Die Pauschalaufteilung ist hier 50% Leber und je 25% Milz und Niere.
Der Innereien-Mix kann in einer größeren Menge zubereitet und dann portionsweise eingefroren werden; hierfür eignen sich unter anderem Eiswürfelformen oder Muffinförmchen aus Silikon. Bereitet man sein Komplettfutter zu, kann man so stets auf die perfekte Menge an Innereien zurückgreifen.
In vielen BARF-Shops sind die Innereien allerdings inzwischen auch in Würfelform erhältlich, sodass man sie portionsweise aus den Verpackungseinheiten entnehmen und weiterverarbeiten kann.

Nährstoffe der verschiedenen Innereien
Leber: essenzielle Fettsäuren, Vitamin A, B-Vitamine, Vitamin C, Vitamin D, Vitamin K1, Kupfer, Mangan, Phosphor
Niere: Vitamin A, Vitamin D, Biotin, Eisen, Folsäure, Kalium, Magnesium, Natrium, Selen
Milz: Eisen, Jod, Kalium, Natrium

! Lunge verwenden wir in der biologisch artgerechten Rohfütterung der Katze eher selten: Sie liefert zwar vergleichsweise viel Taurin, besteht aber aus schwer verdaulichem Bindegewebe. In vielen Fertigfuttermitteln und auch bei den BARF-Rationen dient die Lunge daher weniger der Nährstoffversorgung. Sie soll die Futtermenge erhöhen, ohne allzu viel Energie zu liefern.

Brauchen wir beim BARFen wirklich Innereien?
Immer wieder liest oder hört man Aussagen darüber, dass Innereien eigentlich nicht verfüttert werden sollten. Immerhin handle es sich insbesondere bei der Leber und den Nieren um Entgiftungsorgane, die die Funktion erfüllen, Stoffwechselendprodukte abzubauen und zur Ausscheidung zu bringen. Folglich seien diese Organstrukturen mit Abbauprodukten belastet und stellten ein ernst zu nehmendes Gesundheitsrisiko für unsere roh ernährten Tiere dar.

Das ist ein Trugschluss: Natürlich sind Leber und Niere an den Entgiftungsvorgängen des Körpers beteiligt, jedoch reichern sich die Stoffwechselendprodukte nicht in den Organen an, sondern sollten über den Darm und die Harnwege ausgeschieden werden.

Als weitaus problematischer sind in diesem Zusammenhang Stoffe zu sehen, die sich tatsächlich im Fleisch, zum Teil aber auch im Fettgewebe und den Innereien der Schlachttiere anlagern können, wie Medikamente, Schwermetalle und Umweltgifte. Man sollte stets darauf achten, Fleisch aus artgerechter Haltung und mit nachvollziehbarer Herkunft zu verarbeiten.

Am besten sortenrein
Wann immer es möglich ist, sollten wir bei der biologischen Rohfütterung der Katze mit sortenreinen Menüs arbeiten. Wir verwenden also sowohl das Muskelfleisch als auch die Innereien und die Knochenstrukturen sowie gegebenenfalls das Blut von ein und demselben „Beutetier“. In der praktischen Umsetzung stoßen wir hier jedoch damit oft an unsere Grenzen: So sind von einigen Schlachttieren wie beispielsweise vom Rind, vom Pferd und vom Lamm tatsächlich Leber, Niere, Herz und Milz sowie Blut und Lunge erhältlich, bei Geflügel und Kaninchen jedoch müssen wir uns bei der Innereien-Auswahl auf Herz und Leber

beschränken. Auch hierdurch erklärt sich, warum eine regelmäßige Abwechslung der BARF-Menüs sowie eine gewisse Sortenvariabilität im Speiseplan der Katze notwendig sind, um einen optimalen Nährstoffausgleich zu schaffen.

> **!** Verträgt die Katze mehrere Fleischsorten, so kann man die Innereien verschiedener Tierarten miteinander kombinieren: Es spricht nichts dagegen, in einem Hühnermenü neben den Hühnerherzen und der Hühnerleber auch Milz und Niere vom Rind zu verarbeiten. Hühnermägen wiederum zählen nicht zu den Innereien, sie werden als derb bindegewebige Strukturen dem Muskelfleisch zugerechnet.

Hühnermägen zählen zum Muskelfleisch und nicht zu den Innereien.

Knochen

Durch die Knochenfütterung stellen wir der Katze primär Mineralstoffe zu Verfügung. Wir verwenden dabei vor allem Geflügelhälse, Karkassen von Geflügel und Kaninchen sowie Rippen und Rücken vom Geflügel. Knochen größerer Tiere wie beispielsweise vom Rind, Kalb oder Lamm wären für die Katze natürlich zu groß; in gewolfter oder auch in gemuster Form können sie aber problemlos in den Futterplan integriert werden.

> **!** Bei unseren Berechnungen unterscheiden wir zwischen blanken Knochen und den sogenannten rohen fleischigen Knochen (RFK). Die RFK liefern 50% Muskelfleisch und 50% blanke Knochenmasse.

Je nach Größe der Knochen sowie Kaufreudigkeit und Verdauungsleistung unserer Katze verwenden wir Knochen am Stück, stückig, in gewolfter Form oder auch als Knochenbrei oder -mus. Je naturbelassener die Knochenstruktur ist, desto intensiver muss sich die Katze mit ihr auseinandersetzen – und desto größer ist auch der gesundheitsfördernde Effekt der rohen, fleischigen Knochen auf die Zahnstrukturen der Katze.

Die biologisch artgerechte Rohfütterung der Katze lebt von der Abwechslung – beim Muskelfleisch und den Innereien ebenso wie bei den Knochen: Um unserem Stubentiger ein möglichst breites Nährstoffspektrum zur Verfügung zu stellen, sollten wir auch unsere Kalziumquellen regelmäßig abwechseln. Wir verwenden also nicht ausschließlich weiche Knochen wie zum Beispiel (gewolfte) Putenhälse, sondern können auch auf härtere Knochen wie gewolftes Brustbein vom Rind oder Lamm zurückgreifen.

Bedauerlicherweise liegen uns noch zu wenige Nährstoffanalysen zu den einzelnen Knochenstrukturen vor. Indem wir auf eine konsequente Abwechslung im Speiseplan achten, gleichen wir den niedrigeren Kalziumgehalt der weichen Knochen mit dem höheren Kalziumgehalt der harten Knochen aus. Daher kann es durchaus sinnvoll sein, in einem Rezept beide Knochenarten zu verarbeiten.

! Je größer und älter ein Beutetier ist, desto stärker mineralisiert sind auch seine Knochen – und desto mehr Kalzium liefern sie auch. Somit erklärt sich, weshalb ein Hühnerhals beispielsweise viel weniger Kalzium liefert als ein Rinderbrustbein.

Die Brustknochen von Lamm und Kalb sind keine adäquate Kalziumquelle für unsere Katze: Tatsächlich handelt es sich hierbei um Knorpelstrukturen, die sich erst mit Abschluss des Wachstums zum Knochen umbilden. Der Kalziumgehalt dieser Futterkomponenten ist daher zu niedrig, als dass wir sie als Kalziumquelle (RFK) in unsere Rezepte mit einberechnen dürfen.

Gerade zu Beginn einer Ernährungsumstellung kann die Knochenfütterung für die Katze problematisch sein. Insbesondere, wenn das Tier bislang mit hochprozessierter Fertignahrung gefüttert wurde, muss sich der Verdauungstrakt erst auf die Rohfütterung einstellen – diese Anpassung, die die Speichelproduktion ebenso betrifft wie die Produktion und den Säuregehalt des Magensaftes und natürlich die Tätigkeit von Leber und Bauchspeicheldrüse, kann mehrere Tage bis Wochen dauern. Auch akzeptieren viele Katzen zu Beginn der Futterumstellung auf BARF weder ganze Knochen noch Knochenstücke in ihrer Nahrung.

> **!** Als Knochenkot bezeichnen wir sehr hellen Kot, der ausgesprochen hart ist und von der Katze nur mit viel Mühe abgesetzt werden kann. Knochenkot ist ein Zeichen dafür, dass der Knochenanteil im Katzenfutter zu hoch ist.

Zumindest für den Zeitraum der Futterumstellung hat es sich bewährt, die Kalziumversorgung der Katze zunächst über ein Supplementpräparat wie beispielsweise Knochenmehl sicherzustellen oder aber Knochen in gewolfter Form zu verfüttern. Unter Umständen kann es hier nötig sein, mit einer geringen Menge an Knochen zu beginnen und diesen Anteil dann allmählich zu erhöhen, um den Verdauungstrakt der Katze möglichst zu entlasten.
Können wir den gesamten Kalziumbedarf der Katze durch die Knochenfütterung decken, müssen wir kein weiteres Supplementpräparat zugeben. Füttern wir aber nur sehr weiche Knochen wie Hühnerhälse, versorgen wir die Katze mit zu wenig Kalzium. Um ein optimales Kalzium-Phosphor-Verhältnis zu gewährleisten, geben wir deshalb bei der Fütterung von sehr weichen Knochen ein reines Kalziumpräparat wie beispielsweise Eierschalenpulver hinzu (zusätzlich 1 bis 2 g pro 1000 g Gesamtfuttermenge bei 15 % Hühnerhälsen).

> **!** Auch hinsichtlich der Kalziumversorgung profitiert die Katze von Abwechslung im Speiseplan: Wir können einen Nährstoffausgleich schaffen, indem wir beispielsweise zwischen Geflügelhälsen und -karkassen sowie gewolften Lammrippen wechseln.

Tierische Futterbestandteile können für die Katze mehr oder weniger fein gewolft werden.

Knochen dürfen ausschließlich roh verfüttert werden, auch in gewolfter Form. Erhitzt man die Knochenstrukturen, nimmt das in ihnen enthaltene Kollagen Schaden. Der Knochen wird dadurch spröde und brüchig, er kann splittern und gravierende Verletzungen im Verdauungstrakt der Katze verursachen.

Was bedeutet eigentlich „gewolft"?

Tierische Futterkomponenten werden durch den Fleischwolf gedreht und landen anschließend in sehr feiner oder etwas gröberer Form im Napf der Katze. Wer Angst vor Knochensplittern hat, braucht sich jedoch bei gewolften Knochen nicht zu fürchten. Sie haben die Textur von derbem Hackfleisch. So können sie der Futtermischung der Katze problemlos zugesetzt und untergemengt werden.

Kalziumsupplemente

Sollte die Katze aus gesundheitlichen oder anderen Gründen keine Knochen fressen (dürfen), muss ihr Kalziumbedarf zwingend durch ein Ersatzpräparat, ein sogenanntes Supplement, gedeckt werden. Milchprodukte sind nicht geeignet, um den Kalziumbedarf der Katze vollständig zu decken.

Sollte man Milchprodukte in das BARF-Konzept integrieren?

Naturgemäß zählen Milch und Milchprodukte nicht zum natürlichen Nahrungsspektrum eines ausgewachsenen Säugetiers. Im Erwachsenenalter können die Tiere in der Regel den Milchzucker Laktose nicht mehr aufspalten: Sie reagieren auf die Fütterung von Milch mit Verdauungsstörungen wie Bauchschmerzen, Blähungen und Durchfall.

Dennoch werden Milchprodukte von vielen Katzen gern angenommen. Möchte man sie zu einem festen Bestandteil im Futterplan machen, sollte man vor allem gesäuerte Milchprodukte wie Joghurt, Quark oder Hüttenkäse sowie Produkte aus ungesalzener Ziegen- oder Schafsmilch verwenden.

Milchprodukte sollten maximal 5 % der Gesamtfuttermenge betragen. Dieser Anteil wird von der Menge an Muskelfleisch abgezogen. Möchte man Milchprodukte nur unregelmäßig füttern, ist es aber durchaus möglich, diese lediglich als „Leckerli" zu betrachten und sie somit rein rechnerisch nicht in die Nährstoffbilanz zu integrieren.

Die gängigsten Kalziumsupplemente

Knochenmehl	Kalziumgehalt beim Knochenmehl vom Rind ca. 30 bis 40 %, bei Hirsch und Pferd ca. 16 %, bei Geflügel ca. 14 %, bei Ziege ca. 4 %
Kalziumcarbonat	Kalziumgehalt 35 bis 40 %
Kalziumcitrat	Kalziumgehalt 21 %
Eierschalenmehl	Kalziumgehalt ca. 37 %
Algenkalk	Kalziumgehalt ca. 32 bis 34 %

Hierbei handelt es sich um die Werte einiger ausgesuchter Produkte.

Zur Berechnung der benötigten Menge ist der Kalziumgehalt des Supplements erforderlich. Er ist den Herstellerangaben auf der Verpackung zu entnehmen. Verwendet man Knochenmehl von verschiedenen Tierarten, kann man die durchschnittlichen Werte aus der Tabelle zugrunde legen, falls keine genauen Angaben zu finden sind.

Berechnung der benötigten Menge eines Kalziumsupplements

Laut NRC beträgt der Kalziumbedarf der Katze 71 mg/kg metabolisches Körpergewicht (Körpermasse ^{0,67}).

Rechenbeispiel:
Kalziumbedarf einer 4 kg schweren Katze pro Tag:
71 mg x $4^{0,67}$ = 179,74 mg ~ 180 mg

Die erforderliche Menge an Kalziumsupplement (in diesem Beispiel bei einem Kalziumgehalt des Knochenmehls von 30 %) berechnet sich wie folgt:

$$\text{Supplementmenge in g pro Tag} = \frac{\text{Kalziumbedarf in g pro Tag}}{\text{Kalziumgehalt des Supplements in Dezimalzahlen}}$$

Rechenbeispiel:

$$\text{Supplementmenge in g pro Tag} = \frac{0{,}180 \text{ g pro Tag}}{0{,}30} = 0{,}6 \text{ g}$$

Wollen wir ein Komplettfutter für mehrere Tage zubereiten, so geben wir die entsprechende Menge an Knochenmehl zur Futtermischung.

Rechenbeispiel:
Die Katze benötigt 0,6 g Knochenmehl pro Tag.
Auf die Woche gerechnet ergibt das 7 x 0,6 g = 4,2 g Knochenmehl.

Weitere Supplemente

Manche BARF-Konzepte fassen unter dem Begriff „Supplement“ alle Futterkomponenten zusammen, die über das Muskelfleisch hinaus gehen – entsprechend wären auch Innereien, Knochen und sämtliche Nahrungsergänzungsmittel als „Supplement“ zu verstehen.
Wir hingegen bezeichnen als Supplement alle Nahrungsergänzungsmittel, die wir zusätzlich zu Muskelfleisch, Innereien und Knochen sowie dem geringen pflanzlichen Anteil in der biologisch artgerechten Rohfütterung unserer Katze einsetzen.

Zu den klassischen Supplementen zählen:

- Öle
- Dorschlebertran
- Taurin
- Blut
- Bierhefe
- Seealgenmehl (*Ascophyllum nodosum*)
- Algen mit zum Teil therapeutischer Wirkung wie Spirulina und Chlorella
- Salz
- Ei

Öle

Das Öl beim BARF für Katzen dient nicht der Erhöhung des Fettanteils, sondern soll die Katze mit hochwertigen Omega 3-Fettsäuren versorgen. Omega 3-Fettsäuren besitzen eine gesundheitsfördernde, zellschützende, entzündungshemmende und regenerierende Wirkung, während Omega 6-Fettsäuren entzündliche und zellschädigende Prozesse im Körper fördern können.

Das ideale Verhältnis von Omega 3- zu Omega 6-Fettsäuren beträgt 1 : 2,2.

Im konventionell erzeugten Fleisch ist das Verhältnis von Omega 3- zu Omega 6-Fettsäuren zugunsten der gesundheitsschädigenden Omega 6-Fettsäuren verschoben. Durch die Zugabe Omega 3-reicher Öle können wir einen Fettsäurenausgleich schaffen.
Bei der biologisch artgerechten Rohfütterung arbeiten wir vorzugsweise mit hochwertigem Lachsöl oder Fischöl im Allgemeinen. Wird Fisch nicht vertragen oder von der Katze verweigert, können wir auch auf Krillöl ausweichen.

Fischöl versorgt die Katze mit hochwertigen Omega-3-Fettsäuren.

Bezüglich der Dosierung des Öls sind sich die Experten jedoch noch immer uneins: In den Frankenprey-Konzepten werden pro 1000 g Gesamtfuttermenge lediglich 1 bis 2 Kapseln Lachsöl verwendet. Die Autorinnen Swanie Simon und Nadine Wolf hingegen empfehlen 1 ml stabilisiertes Lachsöl pro 100 g Futtermenge. Dies begründen sie mit dem hohen Gehalt an Omega 3-Fettsäuren in den natürlichen Beutetieren.

Dorschlebertran

Anders als bei der biologisch artgerechten Rohfütterung unserer Hunde spielt der Dorschlebertran in der Katzenernährung eine untergeordnete Rolle. Nur wenn die Katze keinen Fisch frisst und so ihren Bedarf an Vitamin A und D nicht über die Nahrung decken kann oder wenn sie gesundheitlich bedingt einen erhöhten Bedarf an fettlöslichen Vitaminen hat, kann der Lebertran in sehr geringen Dosierungen hinzugefügt werden. Neben Vitamin A und D enthält Dorschlebertran noch die Mineralstoffe Jod und Phosphor.

Taurin

Die wertvollsten natürlichen Quellen für Taurin sind rotes Muskelfleisch und Herz, wobei insbesondere Lammherz einen sehr hohen Tauringehalt aufweist. Als Nahrungsergänzungsmittel werden Taurintropfen oder Taurinpulver eingesetzt. Auch kann Grünlippmuschelextrakt verwendet werden; da sein Tauringehalt jedoch recht niedrig ist, sind hier vergleichsweise große Mengen nötig. Synthetisches Taurin sollte stets mit Wasser angerührt und unter die Futtermischung gerührt werden. Ein direkter Kontakt mit den Schleimhäuten von Maul, Speiseröhre und Magen kann zu Reizungen führen.

Blut

Blut liefert eine Vielzahl an Mineralstoffen wie Kalzium, Chlorid, Eisen, Fluor, Jod, Kalium, Kupfer, Magnesium, Mangan, Natrium, Phosphor, Schwefel und Zink sowie Vitamin A und Vitamin B.
Als zusätzliche Nährstoffquelle ist Blut also nicht zu unterschätzen. Versuche, den Mineralstoffgehalt von Blut durch die Zugabe von Salz (vor allem Meersalz und Himalaja-Salz) zu decken, scheitern tatsächlich in der Umsetzung. Salz liefert zwar neben Natrium und Chlorid noch weitere Mineralstoffe, jedoch in einer deutlich geringeren Konzentration als Blut. Um die Katze entsprechend zu versorgen, müsste sie weitaus mehr Salz aufnehmen, als es eigentlich gesund für sie wäre. Eine „Überdosierung" von Salz kann sehr deutliche Symptomatiken hervorrufen wie ausgeprägten Durst bei gleichzeitigem vermehrten Flüssigkeitsverlust, der sich auf alle Organsysteme sowie die Entgiftungsfunktion des Organismus auswirken kann.
Bei der austretenden Flüssigkeit aus Muskel- und zum Teil auch Organfleisch handelt es sich zumeist nicht um reines Blut, sondern um Fleischsaft.

Blut gibt es in der Regel in Mengen von 250 oder 500 ml tiefgefroren im (Online-) Barfshop. Manche Anbieter führen Blut in praktischen Blisterpackungen im Sortiment, was die Supplementierung insbesondere bei der Katze sehr unkompliziert gestaltet. Sollte kein frisches Blut erhältlich sein, kann auch Blutpulver zum Einsatz kommen.

Vitamin E-Tropfen stabilisieren die hochwertigen Omega-3-Fettsäuren.

Bierhefe

Bierhefe liefert der Katze einige gesundheitsfördernde Nährstoffe wie beispielsweise eine Vielzahl an B-Vitaminen. Zudem wirkt sie geschmacksverstärkend und appetitanregend. Eine Kur mit Bierhefe kann die Gesundheit von Fell, Haut und Krallen verbessern und sogar einem Befall mit Hautparasiten vorbeugen.
Nicht anwenden sollte man Bierhefe bei Tieren mit allergisch bedingten Hauterkrankungen, bei neurologischen Beschwerden und Anfallsleiden sowie bei Erkrankungen der Nieren und der ableitenden Harnwege. Möchte man in diesen Krankheitsfällen eine zusätzliche Versorgung mit B-Vitaminen gewährleisten, sollte man auf spezielle Vitaminkomplexe in Kapselform zurückgreifen.

Seealgenmehl

Da wir beim BARFen kein Schilddrüsengewebe füttern und der Jodgehalt in Muskelfleisch, Fisch, Blut und Innereien zu vernachlässigen ist, verfüttern wir Seealgenmehl, um den Bedarf unserer Katze zu decken.
Um das Seealgenmehl bedarfsgerecht dosieren zu können, müssen wir uns versichern, wie viel Jod in unserem Produkt enthalten ist. Der Jodgehalt der gängigsten Präparate auf dem Markt liegt zwischen 0,03 % und 0,078 %. Die erforderliche Menge an Seealgenmehl sollte daher stets individuell berechnet und mit der Feinwaage abgemessen werden.

! Die Angaben in den Pauschalrezepturen nach Frankenprey, Frankenprey plus und dem Beutetierprinzip beziehen sich auf ein Seealgenmehl mit einem kontrollierten Jodgehalt von 0,05%. Das bedeutet, dass in 1 kg Seealgenmehl 500 mg Jod enthalten sind.

Berechnung der benötigten Menge Seealgenmehl

Rechenbeispiel:

Um zu ermitteln, wie viel Seealgenmehl wir unserer Futtermischung hinzufügen müssen, berechnen wir zunächst den Jodbedarf unserer Katze anhand der NRC-Werte. Dieser liegt im Erhaltungsstoffwechsel der ausgewachsenen Katze bei 35 µg pro kg Körpergewicht ^{0,67}.

Täglicher Jodbedarf einer 4 kg schweren Katze
35 µg x 4 ^{0,67} = 88,6 µg
Der Wochenbedarf beträgt in diesem Beispiel 620 µg Jod (7 x 88,6 µg).

Benötigte Supplementmenge
Beispiel 1: Jodgehalt 500 mg pro 1000 g Seealgenmehl = Jodgehalt 0,05 %

$$\text{Supplementmenge in g} = \frac{\text{Wöchentlicher Jodbedarf der Katze}}{\text{Jodgehalt des Seealgenmehls}}$$

Rechenbeispiel:

$$\text{Supplementmenge in g} = \frac{620\ \mu g}{500\ \mu g} = 1{,}24\ g$$

Die Katze mit 4 kg Körpergewicht benötigt pro Woche 1,24 g Seealgenmehl mit einem Jodgehalt von 0,05 %.
In unserem Rechenbeispiel soll die Tagesfuttermenge 4 % des aktuellen Körpergewichts betragen.
4000 g x 0,04 = 160 g
Die Tagesfuttermenge beträgt 160 g.
Pro Woche erhält die Katze entsprechend 160 g x 7 = 1120 g Gesamtfutter.
In 1120 g Gesamtfutter müssen 1,24 g Seealgenmehl mit einem Jodgehalt von 0,05 % enthalten sein. Dies entspricht einem Prozentsatz von 0,11 % der Gesamtfuttermenge.

Beispiel 2: Jodgehalt 780 mg pro 1000 g Seealgenmehl = Jodgehalt 0,078 %

$$\text{Supplementmenge in g} = \frac{620\ \mu g}{780\ \mu g} = 0{,}8\ g$$

Futterplanberechnung nach dem Beutetierprinzip

Nachdem wir uns die Grundprinzipien der einzelnen Fütterungskonzepte angesehen und uns sehr intensiv mit den benötigten Futterkomponenten auseinandergesetzt haben, setzen wir das Beutetierprinzip nun praktisch um.

Bestimmung der Futtermenge

Zunächst berechnen wir die tägliche Futtermenge der Katze. Bei einem ausgewachsenen Tier setzt man für gewöhnlich 25 bis 30 g Futter pro kg Körpergewicht an oder rechnet mit einem Prozentsatz von 3 bis 5 % des Idealgewichts.

Die Futtermenge sollte stets individuell betrachtet werden: Wie viel Futter ein Tier benötigt, richtet sich nach seinem Alter und seiner Lebensphase, nach seiner Rassezugehörigkeit und entsprechend seiner Größe und Statur, nach seinem Kastrationsstatus, der Haltungsform und auch seiner Agilität. Auch die gesundheitliche Konstitution, die Verdauungsleistung und die Stoffwechselleistung der Katze spielen eine Rolle.

Rechenbeispiel:

Eine 4 kg schwere Katze (schlank, Freigänger) benötigt 5,0 % Futtermenge. Gerechnet wird 4000 g x 0,05 = 200 g.
Folglich erhält die Katze eine Tagesfuttermenge von insgesamt 200 g, die auf mehrere kleine Portionen aufgeteilt werden sollte.

Je nach Rassezugehörigkeit, Größe und Haltungsform schwankt natürlich die benötigte Futtermenge.

Für übergewichtige Katzen

Im Rahmen der Futterumstellung auf BARF können wir gezielt auf die Gewichtsentwicklung unserer Katzen einwirken. Die Praxiserfahrung zeigt, dass übergewichtige Tiere allein schon durch den Wechsel von hochprozessierter und meist stark kohlenhydrathaltiger Nahrung auf biologisch artgerechte Rohfütterung schonend an Gewicht verlieren. Durch eine rücksichtsvolle Reduktion der Futtermenge können wir diesen gesundheitsfördernden Effekt noch zusätzlich unterstützen. (Hierzu siehe auch Body Condition Score S. 118f.)

Für Kitten und Jungtiere

Weitaus höher als die Futtermengen für erwachsene Tiere sind die Futtermengen bei Jungtieren im Wachstum. Bereits nach der 4. Lebenswoche beginnen die kleinen Kätzchen, sich für die feste Nahrung des Muttertiers zu interessieren. In den jeweiligen Wachstumsphasen fordern die Tiere sehr hohe Futtermengen ein, die bis zu 10 % ihres Zielgewichts und mehr betragen können. Insbesondere zwischen dem 7. und dem 10. Lebensmonat gehen große Wachstumsschübe vonstatten, die eine ausreichend hohe Energie- und Nährstoffversorgung nötig machen. Diese deckt man nicht, indem man das Grundfutter der Jungkatzen anders zusammensetzt als das der adulten Tiere, sondern indem man ihnen Futter ad libidum zur Verfügung stellt – gewissermaßen „all you can eat" im Katzennapf.

> **!** Muss eine Katze in jungen Jahren Hunger leiden oder wird sie in dieser Zeit mit einem eher nährstoffarmen Futter ernährt, so entwickelt sie womöglich kein gesundes Verhältnis zum Fressen. Im Erwachsenenalter kann es somit zu Störungen im Fressverhalten und zur Ausbildung eines krankhaften Übergewichts (Adipositas) kommen.

Wie lange die Wachstumsphase und damit auch der erhebliche Mehrbedarf an Energie und Nährstoffen andauert, ist rasseabhängig. Während bei der Europäisch Kurzhaar (EKH) das Wachstum mit dem 12. Lebensmonat weitgehend abgeschlossen ist, sind große Rassekatzen wie beispielsweise die Maine Coon oder auch die Norwegische Waldkatze erst nach ihrem 2. Lebensjahr vollständig ausgewachsen.

Für trächtige und säugende Katzen

Die Katzenmutter ist während ihrer Trächtigkeit und in der Laktationsperiode (Säugephase) auf eine zuverlässige und ausreichende Versorgung mit Energie und Nährstoffen angewiesen. In den etwa 65 Tagen der Trächtigkeit steigt ihr Bedarf erheblich an; die Futtermenge sollte dabei sukzessive erhöht werden. Mehrere kleine Portionen pro Tag entlasten den Verdauungsapparat, den Stoffwechsel und auch die Herz-Kreislauf-Funktion der Mutterkatze.

! Am Ende der Trächtigkeit und zu Beginn der Säugephase kann die Katze durchaus das Doppelte ihrer sonstigen Tagesfuttermenge benötigen.

Bei der Ernährung der trächtigen Katze gilt es einige Grundregeln zu beachten: So verzichten wir auf die Fütterung schwerverdaulicher Nahrungskomponenten wie etwa Bindegewebe oder Knochen und greifen stattdessen auf hochwertige Muskelfleischstrukturen und ein Kalziumsupplement wie beispielsweise Knochenmehl zurück. Durch eine ausreichende Fettzugabe kann der Energiebedarf der Katze auf natürlichem Wege gedeckt werden. In der ganzheitlichen Ernährungsberatung geht die Empfehlung dahin, der Mutterkatze in allen Phasen der Trächtigkeit und auch der Laktation Futter ad libidum zur Verfügung zu stellen. Schließlich besitzt gerade ein Beutegreifer wie die Katze einen untrügerischen Instinkt und wird genau die Mengen Futter zu sich nehmen und einfordern, die er in den jeweiligen Leistungsphasen benötigt.

! Zu oft sieht man in der Tierpraxis entkräftete, ausgezehrte Muttertiere, die einen Wurf quirliger Kitten versorgen müssen. Indem man der Katze schon vor dem Deckakt ein ausreichendes Maß an hochwertiger Nahrung zur Verfügung stellt, schafft man Nährstoffdepots, die sich zum Ende der Säugeperiode abbauen dürfen. Auf eine ausreichende Flüssigkeitszufuhr ist stets zu achten. Mit selbstgekochten Brühen können wir die Mutterkatze zusätzlich zum Trinken anregen.

Für erkrankte Tiere

Auch in Zeiten der Rekonvaleszenz benötigt die Katze gegebenenfalls eine höhere Futtermenge. Wir achten hier erneut darauf, hochwertige Grundkomponenten zu verfüttern und vermeiden schwer verdauliche Strukturen wie Knochen oder Bindegewebe. Indem wir unserer Katze das Futter in vielen kleinen Portionen zur Verfügung stellen, entlasten wir sowohl ihren Stoffwechsel als auch ihren Verdauungstrakt.

Für alte Katzen

Eine vergleichsweise geringe Tagesfuttermenge benötigen Katzensenioren, die eine nachlassende Stoffwechselleistung zeigen und oft nur noch in eingeschränktem Maß körperlich aktiv sind. Durch die Reduktion der Futtermenge beugt man der Ausbildung krankhaften Übergewichts wirksam vor.

Jedoch darf eine Reduktion der Futtermenge nicht pauschal mit einer Verringerung der Nährstoffdichte einhergehen, wie es leider allzu häufig bei industriell verarbeiteten Futtermitteln für Katzensenioren der Fall ist. Im Gegenteil: Gerade während des Alterungsprozesses benötigt der Organismus eine ausreichende Menge an hochverdaulichen und damit hoch bioverfügbaren Nährstoffen, um seine Strukturen, seine Leistungsfähigkeit und auch seine Beweglichkeit zu erhalten. Bei der Zusammensetzung der Mahlzeiten muss auf Vorerkrankungen von Leber, Nieren und Bauchspeicheldrüse Rücksicht genommen werden.

Erkrankungen der Leber und der Nieren können eine Protein- sowie eine Phosphatreduktion in der Nahrung notwendig machen.

Für die Zusammenstellung des Komplettfutters sollte alles passend abgewogen bzw. abgemessen werden.

Zusammenstellung des Komplettfutters

Wir erinnern uns: In freier Wildbahn ernährt sich die Katze von mehreren kleinen Beutetieren pro Tag. Folglich stehen ihr regelmäßig sämtliche Futterkomponenten zur Verfügung: Muskelfleisch und Innereien ebenso wie Knochen, Blut und Ballaststoffe. Letztere nimmt die Katze beim Verzehr von Maus und Vogel über abgeschluckte Fellteile und Gefieder auf.

Das Komplettfutter kann in größeren Mengen vorbereitet und dann portionsweise eingefroren werden.

Auch beim BARFen müssen wir unserer Katze daher täglich alle benötigten Futterkomponenten zur Verfügung stellen. Jedoch gestaltet es sich in der Realität und in unserem Arbeitsalltag schwierig, das Futter jeden Tag frisch zuzubereiten – zumal da gerade die Menge an Innereien oft nur im Grammbereich liegt. Daher hat sich die Zubereitung eines sogenannten **Komplettfutters** bewährt. Bei einem Komplettfutter werden die Mahlzeiten für mehrere Tagen bis Wochen vorbereitet, in Tagesportionen eingefroren und bei Bedarf aufgetaut.

> ! Die tierischen Futterkomponenten können problemlos kurz angetaut und nach der Verarbeitung wieder eingefroren werden: In der menschlichen Küche vermeidet man das, weil zum einen der Geschmack des Fleisches darunter leidet und zum anderen die Keimlast erhöht werden kann.

Zunächst legen wir fest, für wie viele Tage unser Komplettfutter ausreichen soll. Wir führen hier unser vorausgegangenes Rechenbeispiel fort:

Tagesfuttermenge: 200 g

Menge Komplettfutter für 14 Tage: 14 x 200 g = 2800 g

Für zwei Wochen hat die Katze in unserem Rechenbeispiel einen Bedarf an 2800 g. Diesen teilen wir nun auf die einzelnen Futterkomponenten nach dem Beutetierprinzip auf.

Futterkomponenten anteilig	Futterkomponenten absolut
65 % Muskelfleisch mit ca. 15 % Fett	1820 g Muskelfleisch mit 15 % Fett
10 % Herz	280 g Herz
10 % Innereien	280 g Innereien, davon 140 g Leber, 70 g Milz, 70 g Niere
10 % rohe, fleischige Knochen	280 g Putenhälse
5 % geraspeltes Gemüse	140 g geraspeltes Gemüse

Milz (hier vom Kalb) gehört zu den wichtigen Innereien beim BARF-Menü.

Mit sinnvoll gerundeten Werten ergibt sich in diesem Beispiel folgende Grundrezeptur:

1850 g Muskelfleisch mit 15 % Fett
250 g Herz
140 g Leber
80 g Milz
70 g Niere
280 g Putenhälse
140 g geraspeltes Gemüse

Folgende Nahrungsergänzungsmittel werden darüber hinaus erforderlich:

Supplemente anteilig	Supplemente absolut
0,15 % Seealgenmehl	4,2 g Seealgenmehl
1 % Lachsöl	28 ml Lachsöl
0,2 % Taurin	5,6 g Taurin
ggf. 5 % Blut	140 ml Blut
optional 1 Eigelb pro 1000 g Futtermenge	3 Eigelb

Wollen wir noch Fisch mit 10 % und Milchprodukte mit 5 % des Muskelfleischanteils in den Futterplan integrieren, so ergibt sich folgende Rezeptur auf Basis von Rind:

1575 g Rindfleisch, durchwachsen, ca. 15 % Fett, stückig oder gewolft
185 g Lachs, gewolft
90 g Hüttenkäse
250 g Rinderherz ohne Fettkranz, stückig oder gewolft
140 g Rinderleber, stückig oder gewolft
70 g Rindermilz, stückig oder gewolft
70 g Rinderniere, stückig oder gewolft
280 g Putenhälse, gewolft
140 g geraspeltes Gemüse (z. B. Karotte)
4,2 g Seealgenmehl mit einem Jodgehalt von 0,05 %
28 ml Lachsöl
5,6 g Taurin
140 ml Blut
3 Eigelb

In welcher Verarbeitungsform Muskelfleisch, Knochen und Innereien verfüttert werden, ist sowohl von der Akzeptanz der Katze als auch von ihrer gesundheitlichen Disposition abhängig. Generell sind grobstückige tierische Futterkomponenten besser verdaulich und besitzen darüber hinaus gesundheitsfördernde Effekte für die Zahnstrukturen sowie für den gesamten Maulbereich. Bereitet man das Futter aber für Tiere mit Erkrankungen von Zähnen und Zahnfleisch zu oder für älter gewordene, zahnlose Tiere, sollte man auf gewolftes Muskelfleisch und gewolfte Innereien zurückgreifen und die Kalziumversorgung durch die Verwendung von Knochenmehl oder einem anderen Ersatzpräparat sicherstellen.

Nicht alle Katzen in einem Haushalt haben die gleichen Präferenzen.

Der pflanzliche Anteil sollte stets püriert oder mit der feinen Seite der Küchenreibe verarbeitet werden. Möchte

man die Darmmotorik der Katze fördern, bietet es sich an, faserige Gemüsesorten wie beispielsweise Karotten zu verwenden und diese tatsächlich nur fein zu reiben, um die Fasern bestmöglich zu erhalten.
Ballaststoffe wie Flohsamenschalen sollten vor Zugabe zur Futtermischung in Wasser quellen, andernfalls kann man die Futtermischung zusätzlich mit Wasser oder einer selbstgekochten, salzfreien Brühe anreichern.

Bei der Zubereitung unseres Komplettfutters vermengen wir nun alle Futterkomponenten roh miteinander und fügen die Supplemente hinzu. Während Lachsöl, Seealgenmehl, Blut beziehungsweise Salz und Ei der Futtermischung bereits vor dem Einfrieren hinzugefügt werden können, sollte man das Taurin frisch zugeben. Denn der Tauringehalt sowohl der natürlichen Futterkomponenten als auch einer zusätzlichen Taurinquelle kann durch das Einfrieren reduziert werden.

Komplettfutter für einen Mehrkatzenhaushalt

Nicht nur hinsichtlich bestimmter Rudelkonstellationen kann es in einem Mehrkatzenhaushalt spannend werden. Gerade im Rahmen der Futterumstellung taucht hier oft die Frage nach der Umsetzbarkeit der biologisch artgerechten Rohfütterung auf: Muss ich nun für jede Katze ein separates Menü zubereiten? Es ist denkbar, dass unterschiedliche Katzen auch unterschiedliche Vorlieben haben. So frisst das eine Tier beispielsweise lieber Rind als Huhn, das andere verweigert Fisch gänzlich, wiederum ein anderes hat Probleme damit, Knochen zu bearbeiten und zu verwerten. Auch hinsichtlich der Futtermenge kann es große Diskrepanzen geben: So benötigt die feingliedrige Siamkatze eine deutlich geringere Futtermenge als der großrahmige Maine Coon-Kater, der quirlige Jungspund deutlich mehr Nahrung als der gemütlich gewordene Katzensenior.

Tatsächlich sind die meisten dieser vermeintlichen Problemstellungen lösbar, solange es sich um Präferenzen handelt. So sollte der Katzenhalter zunächst Menüs zusammenstellen, deren Grundkomponenten von allen Tieren gefressen und vertragen werden. Benötigen die einzelnen Katzen aufgrund ihrer Rassezugehörigkeit oder auch aufgrund einer besonderen Lebensphase unterschiedliche Futtermengen, berechnen wir die Menge des Komplettfutters, seine Zusammensetzung und seine Supplementierung anhand des Durchschnittsgewichts der Katzen. In diesem Falle finden wir im Beutetierprinzip eine praktikable und umsetzbare Lösung: Durch die unterschiedlichen Futtermengen nehmen die Katzen auch die ihnen zugedachten Mengen an Nahrungsergänzungsmitteln auf. Die Energie- und Nährstoffversorgung eines jeden Tieres kann somit sichergestellt werden.

Weitere Rezepte nach dem Beutetierprinzip

Gesamtfuttermenge pro Menü: 1000 g

Menü Rind
600 g Muskelfleisch (ca. 15 % Fett) 150 g Herz
50 g Rinderleber 25 g Rindermilz 25 g Rinderniere
100 g Putenhälse, gewolft
max. 50 g geraspeltes Gemüse
1 bis 1,5 g Seealgenmehl (Jodgehalt 0,05 %)
10 ml Lachsöl (mit Vitamin E stabilisiert)
2 g Taurin
50 ml Blut

Menü Rind mit magerem Muskelfleisch
550 g Muskelfleisch (ca. 8 % Fett) 50 g Zusatzfett (z. B. Fett vom Rinderherzkranz) 150 g Herz
50 g Rinderleber 25 g Rindermilz 25 g Rinderniere
100 g Putenhälse, gewolft
max. 50 g geraspeltes Gemüse
1 bis 1,5 g Seealgenmehl (Jodgehalt 0,05 %)
10 ml Lachsöl (mit Vitamin E stabilisiert)
2 g Taurin
50 ml Blut

Menü Rind mit Mix einer fetten und einer mageren Fleischsorte
390 g Muskelfleisch (ca. 8 % Fett) 210 g Muskelfleisch (ca. 28 % Fett) 150 g Herz
50 g Rinderleber 25 g Rindermilz 25 g Rinderniere
100 g Putenhälse, gewolft
max. 50 g geraspeltes Gemüse
1 bis 1,5 g Seealgenmehl (Jodgehalt 0,05 %)
10 ml Lachsöl (mit Vitamin E stabilisiert)
2 g Taurin
50 ml Blut

Gewolfter Hühnerrücken kann auch Bestandteil verschiedener Rezepte sein.

Das Menü Huhn + Rind fertig zubereitet.

Menü Ziege

600 g Ziegenfleisch, ca. 16 % Fett
100 g Ziegenherzen
50 g Lachs

50 g Ziegenleber
25 g Ziegenmilz
25 g Ziegenniere

75 bis 100 g gewolfte Ziegenrippen

50 g geraspeltes Gemüse

1 g Seealgenmehl

10 ml Lachsöl (mit Vitamin E stabilisiert)

2 g Taurin

50 ml Ziegenblut

Menü Huhn + Rind

275 g Hühnerfleisch, ca. 3 % Fett
275 g Rindfleisch, durchwachsen, ca. 28 % Fett
150 g Hühnerherzen

50 g Hühnerleber
25 g Rindermilz
25 g Rinderniere

150 g Hühnerhälse

2 g Eierschalenmehl (zum Ausgleich des Kalzium-Phosphor-Verhältnisses)

max. 50 g geraspeltes Gemüse

1 bis 1,5 g Seealgenmehl (Jodgehalt 0,05 %)

10 ml Lachsöl (mit Vitamin E stabilisiert)

2 g Taurin

50 ml Rinderblut

Menü Huhn + Lachs + Rinderinnereien

430 g Hühnerfleisch, ca. 3 % Fett
70 g Lachs, ca. 30 % Fett
50 g Zusatzfett (z. B. reines Hühnerfett)
150 g Hühnerherzen

50 g Hühnerleber
25 g Rindermilz
25 g Rinderniere

150 g Hühnerhälse

2 g Eierschalenmehl (zum Ausgleich des Kalzium-Phosphor-Verhältnisses)

max. 50 g geraspeltes Gemüse

1 bis 1,5 g Seealgenmehl (Jodgehalt 0,05 %)

10 ml Lachsöl (mit Vitamin E stabilisiert)

2 g Taurin

50 ml Rinderblut

Menü Kaninchen + Lachs
600 g Kaninchen-Muskelfleisch, gewolft, ca. 8,5 % Fett 100 g Lachs, gewolft, ca. 30 % Fett 50 g Kaninchenherz, gewolft
50 g Kaninchenleber 25 g Kalbsmilz 25 g Kalbsniere
100 g Kaninchenkarkassen, gewolft
50 g geraspeltes Gemüse
1 g Seealgenmehl
10 ml Lachsöl (mit Vitamin E stabilisiert)
2 g Taurin
50 ml Kaninchenblut

Menü Kaninchen + Lachs + Hüttenkäse
550 g Kaninchen-Muskelfleisch, gewolft, ca. 8,5 % Fett 100 g Lachs, gewolft, ca. 30 % Fett 50 g Hüttenkäse 50 g Kaninchenherz, gewolft
50 g Kaninchenleber 25 g Kalbsmilz 25 g Kalbsniere
100 g Kaninchenkarkassen, gewolft
50 g geraspeltes Gemüse
1 g Seealgenmehl
10 ml Lachsöl (mit Vitamin E stabilisiert)
2 g Taurin
50 ml Kaninchenblut

Verträgt die Katze keinen Knochenanteil oder müssen wir aus gesundheitlichen Gründen darauf verzichten, setzen wir zur Deckung des Kalziumbedarfs ein Ersatzpräparat ein. Die Dosierung hängt vom Kalziumbedarf der Katze und vom Kalziumgehalt des Supplements ab (Berechnung siehe S. 87). In den Rezepten erhöhen wir den Anteil an Muskelfleisch und fügen zur besseren Darmmotorik Flohsamenschalen hinzu.

Menü Huhn
610 g Hühner-Muskelfleisch (ca. 3 % Fett) 90 g Zusatzfett (z. B. reines Hühnerfett) 150 g Hühnerherzen
50 g Hühnerleber 25 g Rindermilz 25 g Rinderniere
6,45 g Knochenmehl (14 % Kalziumgehalt)
1 g Flohsamenschalen, gequollen
max. 50 g geraspeltes Gemüse
1 bis 1,5 g Seealgenmehl (Jodgehalt 0,05 %)
10 m Lachsöl (mit Vitamin E stabilisiert)
2 g Taurin
50 ml Blut

Menü Rind
700 g Muskelfleisch (ca. 15 % Fett) 150 g Herz
50 g Rinderleber 25 g Rindermilz 25 g Rinderniere
2,35 g Knochenmehl (38 % Kalziumgehalt)
1 g Flohsamenschalen, gequollen
max. 50 g geraspeltes Gemüse
1 bis 1,5 g Seealgenmehl (Jodgehalt 0,05 %)
10 ml Lachsöl (mit Vitamin E stabilisiert)
2 g Taurin
50 ml Blut

Anhang

„Die Katze ist kein kleiner Hund und sollte auch nicht wie einer ernährt werden!“

Die zehn Gebote des Katzen-BARF

1. Dem BARFen liegt ein Regelwerk zugrunde: Nur wenn die Nahrung korrekt zusammengesetzt wird und alle benötigten Komponenten regelmäßig und in ausreichender Menge gefüttert werden, kann die Versorgung unserer Katze sichergestellt werden.

2. Das BARF-Prinzip lebt von Abwechslung: Nur durch eine abwechslungsreiche Fütterung kann sichergestellt werden, dass der Energie- und Nährstoffbedarf unseres Tieres gedeckt wird.

3. Zusätze müssen berechnet und abgewogen werden. Eine Dosierung „Pi mal Daumen“ kann zu Fehlversorgungen und Folgeerkrankungen führen.

4. Knochen dürfen ausschließlich roh gefüttert werden.

5. Der Fettanteil muss ausreichend hoch sein – idealerweise beträgt er im Muskelfleischanteil 10 % und mehr.

6. Das Frostfleisch darf nie unter Luftabschluss und nicht bei hohen Temperaturen aufgetaut werden, da das Bakterienwachstum sonst exponentiell beschleunigt wird.

7. Rohes Schweine- bzw. Wildschweinfleisch darf nicht an die Katze verfüttert werden.

8. Schilddrüsengewebe darf nicht verfüttert werden, daher vermeiden wir bei unseren Fleischbestellungen Kopf- oder auch Schlundfleisch. Andernfalls kann es zu einer Überversorgung mit Jod bei der Katze kommen, die Fehlfunktionen der Schilddrüse nach sich ziehen kann.

9. Thiaminasehaltiger Fisch sollte in der Katzenfütterung vermieden werden.

10. Besonders oxalsäurehaltiges Gemüse wie Blattspinat, Mangold oder Rhabarber sollte nur in sehr geringen Mengen verfüttert werden.

BARF-FAQs

Im Folgenden finden Sie die Antworten auf die häufigsten Fragen, die uns rund um das BARFen immer wieder gestellt werden.

Darf eine Katze eigentlich auch fasten?

Während der Hund problemlos einen rein vegetarischen Tag einlegen oder auch einmal gänzlich fasten kann, beispielsweise wenn man bei einem akuten Magen-Darm-Infekt den Verdauungstrakt entlasten möchte, ist das bei der Katze anders: Eine Katze sollte niemals fasten (müssen), da ein strikter Nahrungsentzug ernst zu nehmende gesundheitliche Konsequenzen nach sich ziehen kann. Insbesondere bei übergewichtigen Katzen kann es zur Ausbildung einer sogenannten hepatischen Lipidose kommen – so bezeichnet man die akute Leberverfettung der Katze, die entsteht, wenn der Körper in einer Hungerphase alle Fettreserven aus dem Gewebe mobilisiert und sie zur Leber transportiert.

Wie taut man richtig auf?

Die tierischen Futterkomponenten sollten im Kühlschrank aufgetaut werden. So bleibt ein Großteil der Nährstoffe erhalten und die Futterhygiene wird gewährleistet. Ein Auftauvorgang bei Zimmertemperatur fördert das Bakterienwachstum unnötig, während das Auftauen in der Mikrowelle die Wertigkeit essenzieller Nährstoffe reduziert. Möchte man den Auftauvorgang beschleunigen, hilft ein Wasserbad.

Grundsätzlich darf das Tauwasser mitgefüttert werden, da sich in ihm die wasserlöslichen Vitamine und Mineralstoffe sammeln. Anders ist das jedoch bei Geflügelfleisch: Da sich in seinem Auftauwasser Krankheitskeime wie Salmonellen befinden können, sollte es weggeschüttet werden. Außerdem sollten Geflügelprodukte ebenso wie Eier getrennt von anderen Lebens- und Nahrungsmitteln gelagert und verarbeitet werden.

Beim Auftauen der tierischen Futterkomponenten achten wir darauf, dass dies nicht unter Luftausschluss geschieht; andernfalls können sich anaerobe Keime wie das Bakterium *Clostridium botulinum* stark vermehren. Wir sollten daher die Futterpackungen während des An- und Auftauvorgangs geöffnet halten, beispielsweise indem wir den Deckel anheben oder den Plastikbeutel einritzen.
Dass es zu einer Vermehrung von gesundheitsschädigenden Keimen gekommen ist, erkennt man unter anderem daran, dass die Fleischtüten aufgebläht sind; diese Mahlzeiten sollten wir selbstverständlich nicht mehr an unsere Katzen verfüttern. Im Zweifelsfall können wir die Bakterientoxine jedoch unschädlich machen, indem wir die Futterrationen auf über 100 °C erhitzen.

Um einer möglichen Bakterienlast den Nährboden zu entziehen, sollte die Kühlkette der tierischen Futterkomponenten nach dem Einkauf nicht unterbrochen werden. Gerade bei steigenden Außentemperaturen vermeiden wir also lange Transportwege und bewahren die tierischen Futterkomponenten bestenfalls in einer Kühlbox oder Kühltasche auf, ehe sie erneut eingefroren oder weiterverarbeitet werden.

Wie sieht es denn bei der Online-Bestellung aus? Kann hier die Kühlkette gewahrt bleiben? Die meisten Online-Barfshops versenden erst ab einer Mindestbestellmenge von 7 kg, damit der Selbstkühleffekt des Fleisches genutzt werden kann und die Lieferung auf dem Transportweg nicht auftaut. Die Ware ist zudem meist mit Kartonagen und Styroporplatten vor dem Auftauen geschützt.

Bei der Verarbeitung von rohem Fleisch gelten dieselben Hygieneregeln, die wir auch bei der Zubereitung unserer eigenen Mahlzeiten einhalten: Vor und nach der Arbeit sollten die Hände gründlich gewaschen werden. Wer möchte, kann zusätzlich Einmalhandschuhe benutzen.

Aufgrund seiner vergrößerten Oberfläche sind gewolfte tierische Futterkomponenten anfälliger für Keimlasten als stückiges Fleisch; sie verderben entsprechend schneller.

Nach der Zubereitung der rohen Futterkomponenten sollten sämtliche Messer und Schneidebretter sehr heiß, am besten mit kochendem Wasser, abgespült werden, um eine mögliche Bakterienlast zu entfernen. Benutzte Küchentextilien wie beispielsweise Wischtücher oder auch Schwämme werden nach dem Gebrauch ausgekocht oder gleich entsorgt.

Kann man eine Katze auch teil-BARFen?

Nicht immer ist es im Alltag umsetzbar, eine Katze vollständig zu BARFen. Viele Katzenbesitzer bieten ihren Tieren daher nur vereinzelt rohe Mahlzeiten an, insbesondere um die Gesundheit von Zähnen und Zahnfleisch zu fördern. Sehr hartnäckig hält sich die Ansicht, dass die Katze bis zu 20 % ihrer Wochenration in Form von reinem Muskelfleisch erhalten darf, ohne dass eine Supplementierung (Nahrungsergänzung) notwendig wird.

Im Idealfall wird eine Katze ausschließlich mit BARF ernährt.

Wenn wir aber bedenken, dass die Katze aus dem Verzehr von reinem Fleisch hauptsächlich Proteine und Fett zu sich nimmt, wird klar, dass eine solche Fütterungspraxis rasch zu Ungleichgewichten in der Nährstoffversorgung führen kann. Langfristig gesehen sind auch hier gesundheitliche Konsequenzen nicht auszuschließen. Auch einzelne BARF-Mahlzeiten sollten daher immer vollständig supplementiert sein.

Eine Lösung kann sein, die Katze abwechselnd mit BARF und hochwertigem Nassfutter zu ernähren. Allerdings dürfen diese beiden Fütterungsformen nicht miteinander vermischt werden, weil wir aufgrund der unterschiedlichen Verdauungszeiten sonst Irritationen im Magen-Darm-Trakt wie Durchfall oder Erbrechen provozieren könnten. Eine Lösung wäre hier, der Katze morgens ihre Ration Nassfutter (vielleicht im Futterautomaten) zur Verfügung zu stellen und ihr dann abends ihre ausgewogene BARF-Mahlzeit zu servieren. Ein Wechsel zwischen Rohfütterung und Trockenfutter ist selbstverständlich nicht empfehlenswert, ebenso wenig sollte das BARF mit dem Trockenfutter vermischt werden.

Welche Urlaubslösung gibt es beim BARFen?

BARFen folgt zwar strengen Regeln hinsichtlich seiner Zusammenstellung, wie man das Fütterungsmanagement aber letztlich gestaltet, bleibt ganz dem Katzenhalter überlassen. Vorausgesetzt, die Katze ist verdauungsstabil und toleriert den Wechsel unterschiedlicher Fütterungsarten, kann man ohne Weiteres unter der Woche Nassfutter servieren und das Tier am Wochenende entspannt mit frisch zubereiteten BARF-Mahlzeiten verwöhnen.

Ähnlich ist es im Urlaub: Werden die Katzen in eine Tierpension gegeben oder sind sie in der Obhut eines Tiersitters, haben viele Katzenhalter den Wunsch nach einer unkomplizierten Lösung. Ich rate hier dazu, das Futter entweder für den entsprechenden Zeitraum vorzuportionieren oder aber auf ein hochwertiges Nassfutter zu wechseln.
Trockenfutter sollte auch während der Urlaubszeit keine Option sein.

Wie ausgewogen sind fertige BARF-Menüs?

Wir wollen unsere Katze so hochwertig und gesundheitsbewusst wie nur möglich füttern und uns dennoch nicht unnötig viel Arbeit aufhalsen. Viele Katzenbesitzer möchten daher auf eine fertige BARF-Mischung zurückgreifen, der sie allenfalls noch Öl hinzufügen müssen und die dennoch den Energie- und Nährstoffbedarf des Stubentigers vollständig deckt.
Bedauerlicherweise genügen die meisten Fertig-BARF-Mischungen unseren Qualitätsansprüchen aber nicht: Sie sind nicht optimal nach dem Beutetierprinzip zusammengesetzt, haben unausgewogene Rezepturen und entsprechen oft sogar eher den Ernährungsbedürfnissen des Hundes als denen unserer Katze. Viele Fertigmischungen sind entweder schlecht deklariert oder enthalten ein hohes Maß an schwer verdaulichen Eiweißstrukturen, einen zu hohen pflanzlichen Anteil und wiederum einen zu geringen Anteil an Innereien sowie pflanzliche Öle und Fette. Möchte man sichergehen, dass die Ernährung der Katze ausgewogen und abwechslungsreich ist, sollte man die Verantwortung dafür übernehmen und die Futtermischungen selbst zusammenstellen.

Die Hühnerherzen werden genüsslich verspeist.

Tipps und Tricks zur Futterumstellung

Dreh- und Angelpunkt einer erfolgreichen Futterumstellung sind unsere Konsequenz und unser Einfallsreichtum: Manchmal erfordert es einen langen Atem, die Katze von konventionellem Fertigfutter auf die biologisch artgerechte Rohfütterung umzustellen, manchmal sind hierzu mehrere Anläufe notwendig – sobald man aber sieht, mit welchem Genuss die bislang junkfood-liebende Katze ihre BARF-Mahlzeiten verzehrt und wie deutlich sich ihr Gesundheitszustand bessert, hat sich alle Mühe gelohnt.
Zum Abschluss möchte ich einige Tricks und Kniffe verraten, die sich in den vergangenen Jahren in meiner Praxis bewährt haben.

Der Katze sagt man eine ausgesprochene „Neophobie“ nach – eine arttypische Angst vor dem Neuen und dem Ungewohnten. Meiner Erfahrung nach ist es jedoch nicht die Neophobie, die der Futterumstellung entgegensteht, sondern eine Futterfehlprägung, deren Grundstein bereits im Kittenalter gelegt wurde.
Nach einer rund neunwöchigen Tragezeit wirft die Katze ihre Welpen, die zu Beginn noch blind und auf die Hilfe ihrer Mutter angewiesen sind. Nach etwa der 2. Lebenswoche öffnen die Kätzchen ihre Augen und beginnen, ihre Umwelt zu erforschen. Ab der 3. Lebenswoche interessieren sie sich mehr und mehr für die Mahlzeiten der Mutterkatze, bevor sie dann kurze Zeit später selbstständig feste Nahrung zu sich nehmen.

Bis zu diesem Zeitpunkt trinken die Katzenwelpen ausschließlich an den Zitzen ihrer Mutter; sie nehmen neben allen lebenswichtigen Nährstoffen auch Immunglobuline zur Ausbildung ihrer Abwehrkräfte zu sich. Mit der Zeit jedoch verliert die Muttermilch an Nährwert und die Kätzchen sind auf feste Kost angewiesen, um ihren Energie- und Nährstoffbedarf decken zu können.

Hier beginnt die Phase der **oralen Toleranz**: In komplexen immunologischen Prozessen lernt der Körper, zwischen „Freund“ und „Feind“ zu unterscheiden. Idealerweise darf sich der Katzenwelpe in dieser Zeit mit einzelnen, naturbelassenen Futterkomponenten auseinandersetzen, beispielsweise Muskel- und Organfleisch vom Rind, von der Pute oder vom Fisch. Der Organismus lernt auf diese Art, die verschiedenen Nahrungsmittel zu tolerieren. Die Darmflora kann sich stabil ausbilden und die Allergieneigung reduziert sich.

In der Praxis sieht das bedauerlicherweise anders aus: Nachdem bereits das Muttertier während der Trächtigkeit und in der Laktationsperiode (Säugephase) mit Fertigfutter ernährt wurde, serviert man auch den Kitten industriell hergestellte Nahrung. Direkt nach dem Absetzen von der Muttermilch lernen die Kätzchen somit, dass Nahrung auf eine bestimmte Art und Weise riechen und schmecken muss, um überhaupt fressbar zu sein. Werden die Katzen derart fehlgeprägt, verweigern sie später hochwertiges Futter, das üblicherweise ohne Geschmacksverstärker und Aromastoffe zusammengesetzt ist, da sie es nicht als Nahrungsmittel erkennen. Wollen wir eine solch fehlgeprägte Katze umstellen, müssen wir einige Tricks anwenden und einen langen Atem beweisen.

> **!** Ich habe die Erfahrung gemacht, dass sich Katzen weitaus einfacher auf biologisch artgerechte Rohfütterung umstellen lassen als auf ein hochwertiges Nassfutter. Insbesondere sehr mäkelige Fresser zeigten sich dem BARFen gegenüber äußerst aufgeschlossen.

Eine Futterumstellung läuft nie nach ein und demselben Schema ab und lässt sich ebenfalls nicht in einen konkreten zeitlichen Rahmen fassen. Wie auch jeder Mensch hat jede Katze ihren individuellen Charakter, bestimmte Vorlieben und Abneigungen – und auf diese nehmen wir Rücksicht, wenn wir die Fütterung unseres Stubentigers langfristig optimieren und so den Grundstock für ein langes, gesundes und unbeschwertes Katzenleben legen möchten.

Auf spielerische Weise wird die Katze an rohes Fleisch gewöhnt.

Die besten Erfahrungen habe ich in der Praxis mit der sogenannten „Hauruck-Methode“ gemacht: Das alte Futter wird hierbei einfach durch das neue ersetzt. Wir beginnen hier aber nicht mit vollständigen BARF-Mahlzeiten, sondern bieten unserer Katze zunächst nur rohes Muskelfleisch an. Auch wenn sich die Katze vielleicht nicht gleich darauf stürzt, so wird sie es vermutlich doch neugierig beschnuppern und belecken. Vielleicht angelt sie die Fleischstücke auch mit der Pfote aus ihrem Napf und verzehrt sie oder spielt zumindest mit ihnen. Manche Futterumstellung gelingt dadurch, dass die Katze das Fleisch von der Arbeitsplatte klauen oder „erbeuten“ darf, beispielsweise nachdem es dem Besitzer „zufällig“ vom Schneidebrett gefallen ist.

> **!** Beim BARFen erfüllen wir nicht nur die Ernährungsbedürfnisse unserer Katze, sondern können auch ihren Spiel- und Jagdtrieb fördern und ihren Wohnungsalltag somit noch aktiver gestalten.

Hat die Katze das rohe Muskelfleisch angenommen, arbeiten wir uns Futterkomponente für Futterkomponente vor: Zunächst bieten wir ihr zusätzlich Herz an, danach mischen wir etwas Leber hinzu, anschließend testen wir die Akzeptanz von Lachsöl oder Seealgenmehl. Erfahrungsgemäß steht einer kompletten Futterumstellung jedoch nichts mehr im Weg, sobald die Katze den Leberanteil in ihrer Nahrung akzeptiert hat.
Die Futterumstellung hängt in jeder Phase von unserer Konsequenz ab. Je zielorientierter und geduldiger wir gerade in der Anfangsphase sind, desto zügiger können wir auf die Zubereitung unserer Komplettmenüs übergehen – und desto deutlicher werden sich erste positive Veränderungen im Gesundheitszustand und im Gesamteindruck unserer Katze feststellen lassen.
Lässt sich die Katze von der neuen Fütterungsform aber nicht begeistern, müssen wir in die Trickkiste greifen. Hier habe ich mögliche Szenarien und Lösungsmöglichkeiten ausgearbeitet.

Die Katze frisst ausschließlich Trockenfutter

Vermutlich ist diese Katze sowohl auf die starken Geruchsreize als auch auf die Konsistenz der Trockennahrung gepolt. Man kann hier versuchen, das Trockenfutter zunächst nur anzufeuchten und schließlich sogar einzuweichen, um die Geschmacks- und Geruchsreize im wörtlichen Sinn zu verwässern. Bei manchen Katzenhaltern gelingt anschließend die Umstellung auf BARF oder zumindest ein hochwertiges Nassfutter. In meiner Praxis hat sich diese Methode jedoch nicht bewährt, weil sie zu langwierig ist und der Katzenhalter dabei oft an die Grenzen seiner Geduld stößt. Auch können bei der Einweichmethode Schimmelpilze zu einem gesundheitlichen Problem werden – im feuchtwarmen Milieu vermehren sie sich exponentiell.

Die Katze ist Feuchtfutter gewöhnt, verschmäht aber das rohe Fleisch

Auch dieses Szenario kann mit der Prägung der Katze auf intensive Geruchs- und Geschmacksreize zusammenhängen. Hier steht uns eine Vielzahl an Lösungsmöglichkeiten zur Verfügung:

- Man mischt geringe Mengen rohen oder auch gekochten Muskelfleischs unter das bisherige Nassfutter, testet die Akzeptanz bei der Katze und erhöht schließlich den Muskelfleischanteil, während man zugleich die Menge an Nassfutter reduziert. Innerhalb einiger Tage oder weniger Wochen dient das bisherige Nassfutter dann nur noch als „Appetizer", während die Katze sich längst an den Geschmack und auch die Textur des Muskelfleisches gewöhnt hat. Bei besonders verdauungssensiblen Katzen kann diese Methode jedoch zu Irritationen des Magen-Darm-Trakts führen.
- Bei Katzen, die bislang an „Junkfood" aus dem Supermarkt gewöhnt waren, muss man mitunter tiefer in die Trickkiste greifen: Hier kann man beispielsweise die intensiv schmeckende Soße aus den Katzenfutter-Sachets verwenden, um das Rohfleisch damit zu beträufeln. Die Futtersoße ist inzwischen auch in separaten Portionsbeutelchen erhältlich und kann problemlos als „Lockmittel" verwendet werden.
- Die meisten Katzen lassen sich aufgrund ihres unterentwickelten Geschmackssinns durch intensive olfaktorische Reize zum Futternapf locken. In diesem Fall können wir beispielsweise Thunfischsaft („Dosenthunfisch im eigenen Saft") verwenden oder auch einige Parmesanraspeln.
- Milchprodukte werden von den meisten Katzen gut angenommen: Kleine Butterflöckchen oder auch geringe Mengen Sahne oder Joghurt setzen wir ein, um der Katze das neue Futter schmackhaft zu machen. Alles ist erlaubt: Die Katze liebt Leberwurst oder Schinken? In besonders hartnäckigen Fällen kann das neue Futter gern mit ein paar Leckereien garniert werden, bis die Katze es freiwillig frisst. Hat sich die Katze an die biologisch artgerechte Rohfütterung gewöhnt, wird das „Topping" immer mehr reduziert, bis es wieder das ist, was es vorher auch schon war: ein Leckerli.
- Gleiches gilt für eine Garnierung mit Trockenfutterbröselchen oder Leckerli. Es ist vergleichbar mit einem Löffelchen Parmesan auf unseren Spaghetti Bolognese – es optimiert den Geschmack und macht Lust auf „mehr". Und wenn die Katze erst mal den Genuss von naturbelassener Fütterung kennengelernt hat, wird die prozessierte Nahrung zur Nebensache.
- Katzen lieben Röstaromen: Wir können das Muskelfleisch in etwas Butter scharf anbraten, es abkühlen lassen und der Katze dann anbieten. Auch heißes Wasser verstärkt den Eigengeschmack des Futters.

Bei allem Einfallsreichtum und aller Konsequenz des Besitzers gibt es aber eine Grundregel: Ganz egal, welchen Anlass die Futterumstellung hat, wie viele Versuche bislang unternommen wurden und wie dickköpfig die Katze auch sein mag – das Tier darf nicht zum Fasten gezwungen werden. Dennoch ist ein gewisses

Selbstbedienung!

Maß an Hunger hilfreich, damit sich die Tiere auf das Experiment Futterumstellung einlassen; daher sollten keine Schälchen oder Spender mit Trockenfutter zur freien Verfügung herumstehen. Auch darf die Katze nicht andauernd mit Leckerli „getröstet" werden, nur weil sie ihr neues Futter nicht akzeptiert – andernfalls sieht die Katze keinerlei Notwendigkeit darin, sich mit ihrem neuen Futter auseinanderzusetzen.

Für den Besitzer kann diese Situation tatsächlich zur Herausforderung werden. Er sollte zwar weiterhin konsequent sein, muss aber die Grundversorgung seiner Katze gewährleisten. Daher sollte die Katze, gerade wenn alle Versuche der Futterumstellung scheitern, zumindest einmal pro Tag eine kleine Menge ihres gewohnten Futters erhalten. So stellen wir ihr Energie und Nährstoffe zur Verfügung, ohne dass sie sich sattfressen kann. Tatsächlich kann es bei besonders hartnäckigen Katzen erforderlich sein, eine Futterumstellung zunächst abzubrechen und zu einem späteren Zeitpunkt einen neuen Anlauf zu starten.

Was tun bei empfindlichen Katzen?

Neigt die Katze zu Verdauungsstörungen wie wiederkehrendem Erbrechen und Durchfall oder wurden bereits chronische Reizzustände im Verdauungstrakt diagnostiziert, sollte die Futterumstellung sehr schonend und rücksichtsvoll durchgeführt werden. In diesem Fall beginnt man mit gekochtem oder gebratenem Muskelfleisch und geht dann schrittweise auf die Rohfütterung über, etwa indem man das Fleisch nur noch mit kochendem Wasser überbrüht. Anschließend können die weiteren Futterkomponenten zugegeben werden.

„Koch-BARF“: Kompromisslösung für ältere, erkrankte und verdauungssensible Tiere

Nicht für alle Katzen ist BARF die Lösung für alle gesundheitlichen Probleme: Manche Katzen verweigern das rohe Futter oder tun sich schwer bei der Verdauung der naturbelassenen Komponenten. Gerade wenn im Alter die Stoffwechselleistung nachlässt, der Darm der Tiere beispielsweise aufgrund wiederkehrender Infekte, Antibiosen und Parasitosen gereizt und empfindlich ist oder es bereits zu Schädigungen der Leber und der Bauchspeicheldrüse gekommen ist, finden wir im „Koch-BARF“ eine gute Kompromisslösung.
Wenn wir einige Grundprinzipien verinnerlichen, können wir das Futter unserer Katzen trotz gesundheitlicher Einschränkungen weiter maßschneidern.

In seinem Aufbau ähnelt „Koch-BARF“ dem normalen BARF-Prinzip, die errechneten Mengenangaben beziehen sich dabei stets auf die rohen Futterkomponenten. Der Gewichtsverlust beim Kochen ist primär auf den Wasserverlust zurückzuführen – daher sollten wir das Kochwasser mitfüttern: In ihm sind wichtige Nährstoffe gelöst.

Wollen wir für unsere Katzen kochen, müssen wir einige Grundregeln beachten: Zum ersten dürfen Knochen, wie wir bereits gelernt haben, niemals erhitzt werden, da sie andernfalls schwere gesundheitliche Probleme hervorrufen können. Möchten wir für unsere Katze kochen, müssen wir also den Kalziumbedarf anderweitig decken, beispielsweise durch Knochenmehl.
Wir berücksichtigen außerdem, dass viele Nährstoffe – darunter die B-Vitamine und auch die essenzielle Aminosäure Taurin – durch den Erhitzungsvorgang zerstört werden. Als Nahrungsergänzungsmittel benötigen wir daher Bierhefe oder einen Vitamin B-Komplex. Dass Taurin in Form von Pulver oder Tropfen der Nahrung zugesetzt werden muss, wissen wir bereits aus unseren üblichen BARF-Konzepten.

Das Fleisch sollte möglichst schonend gegart werden, die besten Zubereitungsvarianten sind Köcheln auf kleiner Flamme, Dünsten oder auch die Zubereitung im Dampfgarer. Wir verwenden am besten stückiges Fleisch, damit möglichst viele Nährstoffe erhalten bleiben. Bei Bedarf – etwa aufgrund einer sehr ausgeprägten Verdauungsschwäche – kann die Futtermischung nach dem Abkühlen zerkleinert werden.

Wichtig ist es, zunächst nur Fleisch und Innereien mit dem geringen pflanzlichen Anteil zu garen und alle benötigten Zusätze erst hinzuzugeben, wenn die Futtermischung abgekühlt ist. Die Futtermischungen können zwei bis drei Tage im Kühlschrank aufbewahrt werden.

Ähnlich vorsichtig und rücksichtsvoll sollte man bei Tieren sein, bei denen Erkrankungen der Leber oder der Bauchspeicheldrüse diagnostiziert wurden, die sich nach einem schweren Parasitenbefall oder intensiven Antibiosen in der Rekonvaleszenzphase befinden oder mit immunsuppressiven Mitteln behandelt werden (z. B. Cortison). Auch hier empfiehlt es sich, die Futterumstellung mit gegarter Nahrung durchzuführen. Bei schweren Erkrankungen oder Immundefiziten kann es erforderlich sein, das Futter langfristig zu garen oder auf ein hochwertiges Nassfutter und die entsprechende Nahrungsergänzung zu wechseln.

Kann eine Futterumstellung auch negative Konsequenzen haben?

Zu Beginn der Futterumstellung kann es zu leichten Verdauungsproblemen wie Übelkeit, Erbrechen oder Durchfall kommen. Insbesondere wenn die Katze zuvor mit hochverarbeiteter Fertignahrung ernährt wurde, muss sich ihr gesamter Magen-Darm-Trakt an diese neue Art der Fütterung gewöhnen – beginnend mit der Konsistenz ihres Speichels über die Zusammensetzung ihres Magensaftes bis hin zur Tätigkeit ihrer Leber und Bauchspeicheldrüse und zur Besiedelung ihrer Darmflora.

> **!** Bedauerlicherweise verknüpfen Katzen ihr Unwohlsein sehr rasch mit dem zuletzt aufgenommenen Futter. Daher kann es sein, dass das Tier nach dem Auftreten der Symptome das Futter plötzlich verweigert. Hilfreich ist es hier, das Fleisch zunächst zu garen und es dann bei guter Verträglichkeit Schritt für Schritt wieder roher werden zu lassen.

Im Rahmen der Futterumstellung lernt der Verdauungstrakt der Katze, auch derbere Strukturen wie Mägen, Knochen oder Knorpel zu verarbeiten und zu verdauen: Wir erleichtern ihr diese Phase, indem wir ihr zunächst gewolftes Muskelfleisch servieren, ehe wir auf stückiges Fleisch übergehen. Statt ganzer Knochen sollte man gerade in der Umstellungsphase mit gewolften Knochen oder auch Knochenmehl arbeiten. Darüber hinaus ist es empfehlenswert, zunächst mit magerem Muskelfleisch zu beginnen und die Fettmenge dann schrittweise zu erhöhen.

> **!** Der Fettgehalt im handelsüblichen Fertigfutter liegt bei 6 bis 8 %, der angestrebte Fettanteil im BARF beträgt 15 %. Bei verdauungssensiblen Katzen kann eine abrupte Erhöhung des Fettanteils Erbrechen oder weicheren Kot hervorrufen.

Wann sollte man eine Futterumstellung wagen?

Sicherlich ist BARF die artgerechteste Ernährungsform für unsere Katze – aber ist sie das in allen Lebenslagen? Insbesondere Besitzer älterer Stubentiger äußern hier ihre Bedenken: Sollte man einer Seniorenkatze tatsächlich noch eine Futterumstellung zumuten? Und wenn ja: Wie geht man am besten vor? Ist der Verdauungstrakt des alten Tieres überhaupt noch in der Lage, die rohen Mahlzeiten zu verdauen, oder überfordern wir den Stoffwechsel unnötig?

Im Alter lässt bei unseren Katzen – ebenso wie bei uns Menschen – die Sinnesleistung nach: Das betrifft nicht nur den Sehsinn und das Gehör, sondern auch den Geschmacks- und Geruchssinn. Daher bevorzugen viele Katzensenioren Futtermittel, die mit Aromastoffen angereichert sind. Sie von einer hochwertigeren Fütterung zu überzeugen, kann schwierig werden. Beim BARFen ist das jedoch anders: In meiner Arbeit mit den Senioren- und Hospiztieren habe ich die Erfahrung gemacht, dass sich auch Katzen, die ihr Leben lang Convenience-Food gefressen haben, der Rohfütterung gegenüber aufgeschlossen zeigen – bei den meisten war eine vollständige Umstellung möglich, andere ließen sich zumindest auf hochwertige Nassnahrung ein.

Nicht jede Katze lässt sich im Alter von der Rohfütterung überzeugen.

In jedem Fall würde ich versuchen, die Ernährung meiner Seniorenkatze auf die höchstmögliche Qualität umzustellen, um den Vierbeiner auch in der letzten Phase seines Lebens mit einem Optimum an Nährstoffen und Lebensqualität zu versorgen. Allerdings sollte man einen Tiersenior, gerade wenn er krank und mäkelig ist, nicht zu einer unbekannten Ernährungsform zwingen. Im Alter ist es oft wichtiger, dass die Tiere überhaupt regelmäßig und ausreichend fressen, als dass das Futter allzu hohen Qualitätsansprüchen genügen muss.

Es ist unbestritten, dass eine artgerechte und individuell angepasste Ernährung der Grundstock ist für eine ganzheitliche Tiergesundheit und die Regenerationsfähigkeit des Körpers ist – wenn die Futterumstellung aber nur mit großen Überwindungen und Einschränkungen vonstattengehen kann, sollten entsprechende Kompromisse gemacht werden.

Body Condition Score

Im Folgenden sind einige Anhaltspunkte aufgeführt, wie man feststellen kann, ob eine Katze zu dünn, idealgewichtig oder zu dick ist.

Diese Katze ist in erheblichem Maße übergewichtig.

Kachektisch

- Rippen sichtbar
- Fettgewebe nicht tastbar
- Wirbelsäule und Hüftknochen sichtbar
- Taille extrem deutlich ausgeprägt

Mager

- Rippen leicht tastbar, nicht zwangsläufig sichtbar
- Fettschicht nur minimal ausgeprägt
- Lendenwirbel leicht tastbar

Idealgewichtig

- gut proportioniert
- Rippen tastbar, nicht sichtbar
- Taille sichtbar
- geringe Fettschicht an Rumpf und Bauch

Übergewichtig

- keine Taille ausgeprägt, von oben leichte Bauchwölbung sichtbar
- Rippen schwerlich tastbar
- mäßig ausgeprägte Fettschicht

Stark fettleibig

- Rippen nicht tastbar, von oben starke Bauchwölbung sichtbar
- starke Fettablagerungen im Rumpfbereich
- z.T. Hängebauch

Literaturverzeichnis

Baumgärtner, Wolfgang: **Spezielle Pathologie für die Tiermedizin**. Enke Verlag, Stuttgart 2014.

Dierenfeld, Ellen S.: **Nutrient composition of whole vertebrate prey** (excluding fish) fed in zoos. Animal Health Center, Wildlife COnservation Society 2002.

Dillitzer, Natalie: **Tierärztliche Ernährungsberatung**. Elsevier Verlag, München 2012.

Driscoll, Carlos A. u.a.: **„Die wahre Herkunft der Hauskatze"**, erschienen in Spektrum der Wissenschaft, April 2010

Effenberger, Tanja: **Durchfallerkrankungen bei Haustieren mit lebensmittelrelevanten pathogenen Bakterien.** Inaugural-Dissertation zur Erlangung der tiermedizinischen Doktorwürde der Tierärztlichen Fakultät der Ludwig-Maximilians-Universität München 2008.

Fiedler, Doreen: **Einfach Barf. Leitfaden für natürliche Katzenernährung**. Books on Demand, Norderstedt 2015.

Fiedler, Doreem: **Katzenernährung nach dem Vorbild der Natur. Barfen in allen Lebensphasen**. Norderstedt 2015.

Frenk, Marina (2006): **Epidemiologische und laborexperimentelle Untersuchungen zur Urolithiasis bei Katzen**. Dissertation, LMU München: Tierärztliche Fakultät

Horzinek, Marian C., Schmidt, Vera, Lutz, Hans (Hrsg.): **Krankheiten der Katze**. 4., überarbeitete Auflage. Enke Verlag, Stuttgart 2005

Janeway, Charles A.: **Immunologie**. 5. Auflage. Spektrum Akademischer Verlag, Heidelberg/Berlin 2002

Kessler: **Kleintieronkologie: Diagnose und Therapie von Tumorerkrankungen bei Hund und Katze**. Enke Verlag, Stuttgart 2012.

Kirk, Claudia A.: **Cats and Carbohydrates – What is the Impact?** University of Tennessee College of Veterinary Medicine, Knoxville 2011.

Kleffner, Helen: **Literaturstudie über die Verdaulichkeit von Energie und Nährstoffen bei wilden carni- und omnivoren Säugetieren als Grundlage für Energiewertschätzungen im Futter**. LMU München, 2008

Lipinski, Monika J.; Froenicke, Lutz; Baysac, Kathleen C. et al.: **The ascent of cat breeds: Genetic evaluations of breeds and worldwide; random-bred populations, Genomics** 91, 12-21, 2008

Lutz, Hans: **Krankheiten der Katze**. Enke Verlag, Stuttgart 2014.

McCandles, David W.: **Thiamine Deficiency and Associated Clinical Disorders**. Humana Press 2009

Moik, Katja: **Feldstudie zur Körpermasse von Katzen in Abhängigkeit von Rasse, Geschlecht und Alter.** Inaugural-Dissertation zur Erlangung der tiermedizinischen Doktorwürde der Tierärztlichen Fakultät der Ludwig-Maximilians-Universität München. München, 2010.

Montague, Michael J. et al.: **Comparative analysis of the domestic cat genome reveals genetic signatures underlying feline biology and domestication**. PNAS December 2, 2014

Nickel, Richard, Schummer, August, Seiferle, Eugen. **Lehrbuch der Anatomie der Haustiere, Band II**: Organsysteme. Parey Verlag, 2003.

von Quillfeldt, Petra: **Katzen BARFen**. Mit Rezepten und ausführlicher Anleitung. Verlag Oertel + Spörer, Reutlingen 2021.

Rand: **Praxishandbuch Katzenkrankheiten: Symptombasierte Diagnostik und Therapie**. 2009. Elsevier, 2009.

Reichert, Lea: **Umfrage zum Thema Rohfütterung („BARF") der Katze inklusive Überprüfung der gefütterten Rationen**. Diplomarbeit zur Erlangung der Würde einer Diplomtierärztin, Veterinärmedizinische Universität Wien 2013.

Reinerth, Susanne: **Natural Cat Food. Rohfütterung für Katzen**. Ein praktischer Leitfaden. Books on Demand, Norderstedt 2008.

Rotter, Silke: **Diagnose chronisch-entzündlicher Krankheiten im oberen Verdauungstrakt von Hund und Katze**. Inaugural-Dissertation zur Erlangung des Doktorgrades beim Fachbereich Veterinärmedizin der Justus-Liebig-Universität Gießen, 2005.

Ruessheim, Christine M.: **Tissue Percentage of Some Common Prey of the Cat**. Baton Rouge, June 2002

Salomon, Franz-Viktor, Geyer, Hans, Gille, Uwe. **Anatomie für die Tiermedizin**. 2., aktualisierte und erweiterte Auflage. Enke-Verlag, 2008.

Skupin, Marcus: **Thermoregulation der Katze bei Welt der Katzen** (2017), online

Spitze, A. R. et al.: **Taurine concentrations in animal feed ingredients; cooking influemces taurine content**. Blackwell Verlag, Berlin 2003.

Zottmaier, Barbara. **Der Stoffwechsel von mit Trockenfutter ernährten Katzen bei Gewichtsreduktion bzw. Gewichtskonstanz**. 2008, University of Zurich, Vetsuisse Facult